YOU
ARE
YOUR
OWN
CHILD

把自己重养一遍

梁爽 著

天地出版社 | TIANDI PRESS

用力弥补小时候的自己，
才是一个女孩长大的意义。

自 序

按自己喜欢的方式，把自己重养一遍

36岁本命年的生日当天，我在广州工作的高中同桌发来祝福后对我说：“我们在外面生活的年数，已经等于在家乡的年数了。”

我掐指一算，不禁感慨：时间都去哪儿了。

18岁前，父母养我，出钱出力。

19岁时，我考上大学，半养自己——父母出钱，自己出力。

23岁后，我步入职场，重养自己——自己出钱，自己出力。

33岁后，我边养自己，边养女儿。

半养自己的那些年，我养成了早起的习惯，常常一个人泡在图书馆里看书，也会用奖学金和兼职赚来的钱去旅游，还曾孤身一人到外地实习。这些经历虽然让我尝到了人生自主的甜头，但人生自主的筹码还不够，毕竟经济尚未完全独立。

重养自己的那些年，我走南闯北，去过博物馆做志愿者，也去过印度为公司开拓新市场。

我喜欢写作，一直坚持写下来，幸运地出了几本畅销书。30岁，我第一次到东南亚旅游；与此同时，我的书也在东南亚出版。

在重养自己的过程中，除了完成心愿，我还顺手把自己的“出厂设置问题”和“历史遗留问题”依次解决了。

我眼角有晒斑，我爸总说“没事的”。但我在重养自己的过程中，通过科学护肤淡化了晒斑。

我身上有赘肉，我妈总说“胖一点儿挺好的”。但我在重养自己的过程中，通过运动变苗条了。

我圆肩又驼背，于是跟着退役模特练走路，跟着瑜伽教练学正位，纠正了自己的不良体态。

我的普通话发音不标准，分不清前、后鼻音，于是报了声音课程，开始练习唇舌、矫正发音，最终顺利录制了上百期的读书会音频节目。

以前的我，遇状况易着急，遇选择易纠结，遇不公易憋屈，遇问题易钻牛角尖。自从看了很多心理学方面的书后，我开始适度借鉴、量身调整。经年累月，我的性格竟仿佛抛过光一样，去除了多余的敏感、自卑和过度自省，拥有了被讨厌的勇气和敢于面对脆弱的能力，可以心平气和地表达不满。

“雕像本来就在石头里，我只是把不需要的部分去掉。”米开朗琪罗在凿刻雕塑《大卫》后说的这句话，被人总结为“凿出你心中的大卫”。

同理，我想要的样子本来就在自己身上，我只是发现她，然后查漏补缺，重新养出我心中的自己。

如果36岁的我能给23岁的自己捎一句话，那就是：多谢自己的“重养”之恩。

在新闻写作中，“5W1H”是基本要素，分别是When（时间）、Where（地点）、Who（人物）、What（是什么）、Why（为什么）、How（怎么做）。这个框架如此简洁、清晰、实

用，为了便于大家理解“重养自己”，我决定临时征用它，但框架基本要素的顺序需要调整。

What—什么是重养自己

重养自己，是由于物质匮乏、家庭局限、榜样单一、心智未开等多方面因素，一个人未能按自己的意愿去选择生活，等到自己经济独立，且见识到人生更多的可能性后，决定不再随波逐流，不再得过且过，把过往的遗憾补上，把心中的阴影淡化，把将来需要的能力配足，轻装上阵。

重养自己，不是要推翻父母的养育之恩——把你养大，父母已竭尽全力。

重养自己，不是让自己掉进消费主义的陷阱——核心是养自己，而不是养资本。

重养自己，不是看不上现在的自己——目标是重新发现自己，不是对现在的自己充满不屑和不满。

Who—谁需要重养自己

幸运的人，从小被父母顺着天性养，年少时已基本形成健全的人格。

不幸的人，从小被父母逆着天性养，进入社会以后难免跌跌撞撞。

一个残酷的现实是：一些没被原生家庭有效养育的姑娘，开窍较晚，觉醒较迟，如果未经审视，缺少重养自己这一步，就快速进入下一个人生阶段，大概率不会生活得太幸福。

演员杨幂在综艺节目《花儿与少年》中说："你的原生家庭，好还是不好，其实都有缺失。如果你的原生家庭本身就不好，你就缺少爱；如果你的原生家庭本身就很好，你就缺少历练。你在原生家庭里面没有上过的课，你终归还是要补上。"

根据正态分布规律，人群中极其幸运的和极其不幸的人，都属于少数派。当然，不排除幸运的人对自己的幸运视若无睹，出现把同花顺一样的人生好牌拆散单出的状况。而处在正态分布中间位置的绝大多数人，终归要到社会上补课——把自己重养一遍。

Why—为什么需要重养自己

未经重养的自己，会把人生的每个阶段都过得累人累己。

你把自己重养一遍，看清自己，重启人生。小时候遥不可及的愿望，是时候实现了；童年溃烂结痂的内伤，是时候愈合了。

心灵的碎片要重新拼起来，内心的缺口要打上补丁。

正如《了凡四训》中所说："从前种种，譬如昨日死；从后种种，譬如今日生。"以前的事就像昨天一样过去了，从今往后，一切都是崭新的开始。

一个人，在从被养到半养，再到重养自己的过程中，会看见真正的自己。

慢慢地，那个觉得别人心情不好都错在自己的你，那个有着大人模样而身体里却还住着一个惊慌失措的孩子的你，已经变得越来越远、越来越小了。

随着经济的独立、习惯的改变、阅历的丰富、心智的成熟、性格的稳定，最终你必将养出一个大方得体、赏心悦目的自己。

Where—在哪里重养自己

重养自己最好的地点，在书桌前，在格子间，在图书馆，在博物馆，在旅途中……

你只要想把自己重养一遍，在哪儿都可以开始。

When—什么时候开始重养自己

人们常说，姑娘18岁一朵花，20岁年轻貌美，25岁胶原蛋白开始流失，好像只有18岁到24岁的一段时间才是一个女人的花样年华。

但我不这么认为。

十八九岁，高考结束，你可能十年苦读只因发挥不理想而没有考上心仪的大学；可能要告别熟悉的环境走上未知的旅途……

二十三四岁，你大学毕业，从此与关系要好的室友分道扬镳；为了工作四处奔波；工作试用期战战兢兢害怕被辞退……

对于大多数人来说，25岁，人生才刚刚开始。所以，类似“30岁是新的18岁”“40岁是崭新的20岁”等“金句”才能引发大家的强烈共鸣。

在我看来，一个人若想重养自己，从什么时候开始都不晚。

我的一位同事，在儿子高考后开始重养自己，持续做热爱的事，交有趣的朋友，我觉得她一天比一天光彩照人。

我的妈妈，在做完癌症手术后开始重养自己，学会摆脱“玻璃心”，不当老好人，我觉得她一年比一年松弛迷人。

How—怎样重养自己

重养自己，要从多方面着手，我拿自己举例来说吧。

我矫正牙齿，调整体态，减肥增肌，学穿搭，做美容，是为了把自己的形象养得漂亮；

我坚持运动，按时睡觉，认真吃饭，是为了把自己的身体养得健康；

我学习心理学知识，是为了把自己的内心养得强大，减少自己惯性的内耗状态，摆脱习得性无助，学会驾驭情绪；

我坚持“读万卷书，行万里路”，是为了把自己的精神世界养得丰盈，让书成为自己广阔人生的基石；

我掌握时间管理、状态管理、沟通技巧等“软技能”，建立能量自给系统，锻造出稀缺又值钱的核心竞争力，是为了把自己的“身价”养高，拥有更多选择的机会。

无论你怎样重养自己，唯一不能改变的，就是一切按自己喜欢的方式去做。

———

每个人都想过更好的生活，但只有一部分人选择先让自己成为更好的人。

重养自己，不同的人会选择不同的方式，但大家所需要的资源却大致相同：认知能力、金钱、时间、精力、技能、方法、帮手……我们要集结一切能集结的资源，团结一切能团结的力量，把自己养得宛若新生。

比起被动成长，唯有充满觉知和不怕碰撞的主动成长，才是我们变好的关键所在。

按照自己喜欢的方式，把自己重养一遍，自己就是自己最好的再生父母。

目 录

第一章 ———

长大后，慷慨宴请小时候的自己

很多女人感慨自己处境艰难，既要上得厅堂，又要下得厨房。我想说，你如果真把自己当女儿养，就不需要做全能的女人。因为你舍不得让女儿活得太累、绷得太紧，舍不得让女儿在每个人生阶段都那么辛苦……

第二章 ——

灵魂有趣 + 身体健康 = 一个女生的“王炸”

美是多元的，青春有朝气美，中年有智识美。单一的美是易逝的，与其追求逆天改命，不如拓宽美的边界——健康是美，劳动是美，创造是美，优雅是美，从容是美，逍遥更是美……

第三章 ———

清醒的女生，通透的活法

保持身材苗条，不是服“美役”，不是取悦谁，更不是柔弱到要激起异性的保护欲，而是努力追求匀称紧实又体力充沛的身体；适当“神经大条”，不是低情商，不是粗线条，更不是故意揣着明白装糊涂，而是拒绝被别人操纵情绪。

第四章 ——

所有横空出世，都是“蓄谋已久”

当你做一件事时，你可以在做完后做个小结，就像把一个充气的袋子打个结。下次再做这件事时，尽管发现无法避免袋子漏气，但你可以从袋子中汲取上次做这件事时的经验——它会成为你向上的台阶。

第一章／

长大后，慷慨宴请小时候的自己

很多女人感慨自己处境艰难，既要上得厅堂，又要下得厨房。我想说，你如果真把自己当女儿养，就不需要做全能的女人。因为你舍不得让女儿活得太累、绷得太紧，舍不得让女儿在每个人生阶段都那么辛苦……

走出原生家庭，主动重养自己

人们常说，没有父母“托举”的普通人，得撞南墙，得头破血流，才能让人生走上正轨；而精英家庭的孩子，有父母帮着长见识、避弯路。这真是：你奋斗了半生，刚到人家的起点；而人家的终点，你奋斗终生都可能看不见。

这些年，我看到过一些人，他们的人生虽然拿到的是一手“烂牌”，却仍能把牌打赢。手里各种“小对子”，各种“三带二”，人家就是能够觅得好时机，找准打法。尽管每张牌都很小，但人家就是能气定神闲地把牌打赢。

同时，我也见过拿到各种“炸弹”“大王”“小王”“同花顺”的人，在出完几张让人直呼“要不起”的大牌之后，把“同花顺”拆开单出。

对于父母“托举”的力量不太够、原生家庭不够好的普通人，想要打赢人生这手“烂牌”，就一定不要长他人志气，灭自己威风——他强任他强，关我什么事。

法律学者罗翔曾说：“原生家庭不好的人，慢半拍，慢几拍已经很优秀了。别责怪自己，因为在别人成长的时候，你还陷在原生家庭的内耗里。在别人搞事业的时候，你还在搞自己。”

“工欲善其事，必先利其器”，这个“器”就是经过重养的自己——我们要让现在的自己优于过去的自己。

每个人都需要在某个时间节点重养自己，不然我们就可能会看到越来越糟的自己。

———

每当我的手机出现迟缓、卡顿等问题，我就会打开软件“手机管家”——综合分数一目了然，然后点击清理加速工具。

在我每次使用清理加速工具时，“手机管家”都会先把手机扫描一通，然后以可视化的方式告诉我手机里的图片、视频、音频、文档、软件安装包等文件各占据多少内存空间，以及哪些内容需要谨慎清理，哪些软件建议升级。对于扫描出来的垃圾文件、重复文件、软件卸载残留资料等，我会选中多项后一键清理。清理之后，手机性能大幅跃升。

其实，这不正是重养自己的底层逻辑吗？

在自己身上，我们可以安装一个“重养自己”的软件，在适当的时刻，先扫描自己，对于呈现出来的问题或特质，该清理的清理，该升级的升级，然后转到后台继续运行。

经常来我家玩的朋友，都会羡慕我和原生家庭的关系，这让我觉得自己很幸运。我不止一次对我爸我妈说：“以前我觉得每家父母都差不多，后来才发现，你们真的好太多了。”

但通过多年写的日记，我还是发现了自己的多项问题或特质。

我以自己口是心非的问题为例，给大家连贯地演示一下重养自己的底层逻辑。

工作中，同事要我帮忙，虽不乐意，但我还会尽量帮；领导给我加活，虽会嫌累，但我还会照做。

生活中，我去做脚部按摩，水太烫，我不说；我去做背部按摩，力太大，我强忍。

婚姻中，我把希望对方做到的事藏在心里，看他表现：他若做到了，就给他加分；他若做不到，就给他减分。

我以为自己有替人尴尬、回避冲突、怕麻烦人、怕人多想、讨好他人的毛病。其实这些“毛病”都是自己心理世界的投射，根本原因是我的高敏感特质容易把别人的话听到心里去，进而影响自己的情绪。我把自己的感受投射到别人身上，以为别人听到我的话会不爽、会多想。

气被憋久了，不会凭空消失，只会让我怨恨别人，怨恨自己。自己累，别人也累。

周星驰的电影《西游·降魔篇》里有句经典台词：“你为什么不早说？”

我们大胆表达自己内心想说的话，就是在降自己的心魔。

去表达吧！表达自己时，尊重、友好是基本分，幽默、自嘲是附加分。

有段时间，一见星巴克开门，我就进去写作。一次，音乐声太大，扰我思绪，经过一番思想斗争后，我跟工作人员说：“这里只有我一个客人，你能不能帮我换首歌？”她温柔回复：“曲目固定，但我可以帮你调小音量。”

刚到北方时，我喜欢去“喜家德”吃饺子。以前它家没有绿色蔬菜，几次失望过后，我跟工作人员反映，希望菜单里增加些绿色蔬菜。工作人员感谢了我的建议，并表示他会向上级反映。后来我看到他们家的菜单上增加了蔬菜锅，感到十分惊喜。我自知人微言轻，但言轻总比无言好。

现在，我试着跟老公多表达心里的想法，让他减少猜测，这样我们相处起来更轻松了。

大胆表达也有助于我的工作和写作。我第一次出书时，总觉得自己是新人，别人比我有经验，于是就把自己的想法烂在心里。

等我出第二本书时，我已变身为提意见爱好者了。我和主编沟通很久，这个书名有点儿淡，那个设计有点儿平，发挥想象，畅所欲言，使对方也被我的热情感染，后来才有了新书的畅销。

他们有他们的专业判断，我也有自己的想法和主张。假如我们都能真诚表达，并且积极论证，就会减少沟通的死角，碰出火花。

———

当你对自己全盘“扫描”后，你可能就会像个负责“开荒”的保洁员一样，面对到处需要打扫的房间毫无头绪。此时你要抓住关键问题，深入分析，稳步解决，然后就可以把“重养自己”的软件暂时转到后台运行，集中精力去做想做的事和更重要的事。

我的一位前同事，他在离职后去了西藏旅游，想通过这种方式来重养自己，让自己得到疗愈。在西藏待了两三个月后，他转行去北京学起了画画。我们聊天时，他跟我提过，好多年轻人在西藏住了几年后，最终变成了逃避现实的“伤痕青年”。

重养自己，我们不是去寻找还未体验过的诱惑，而是去发现使自己过得不如意的症结，打上“补丁”，奔赴前方。

重养自己，我们要先擦掉原生家庭和自我原始版本的负面印记，有想法，有行动，就会越来越优秀。

虽然我们现在看上去慢别人几步，但是磨刀不误砍柴工，我们将来势必会少走一些弯路。

重养自己，我们就会让时间分叉，找到更好的自己，通向更好的将来。

你需要的不是被爱，而是好好爱自己

有段时间，“江浙沪独生女”的话题突然登上了微博热搜。围绕这个话题，人们在网上分享着自己的所见所闻或发生在自己身上的故事。

江苏的一个10岁女孩说，生日那天父母为她举办了一场梦幻无比的生日宴。女孩长得很美，在台上对宾客们说着自己的梦想，侃侃而谈。女孩的父母在台下为她鼓掌，眼里泛着闪闪泪光。

浙江的一个女孩说，她从小衣食无忧，长大后爸妈在杭州全款给她买了房，每个月生活费就刷爸爸的银行卡。她大学4年除去吃喝玩乐的花销，最后还能存下几万元钱。

上海的一个女孩说，爸妈给她买了一份一次性交清全部保费的保险。

…………

在某知名网站上有一个问题：作为“江浙沪独生女”是种怎样的人生体验?

一个热门回答是：她们一生顺遂，现在顺遂，将来也顺遂；做任何事时都知道自己有坚强的后盾，在外面遇到困难，只要回家就都能解决。

一时之间，“江浙沪独生女”成了令人羡慕的身份。甚至有网友表示，下辈子要投胎做“江浙沪独生女”。

———

其实，无论出生在哪里，无论是不是独生女，所有被父母疼爱的女孩都是幸运的。她们从小被父母呵护着长大，哪怕家庭偶尔遭遇状况，她们也不会受到影响，因为父母会想尽办法给她们安全感和幸福感。

不过，见别人有钱花有人爱，我们羡慕归羡慕，不甘归不甘，只有从自身出发，为有钱花没人爱，或者没钱花有人爱，抑或没钱花又没人爱的自己做点什么，才是当务之急。

父母用尽全力把我们养大。现在，我们要学会自己爱自己。

1. 赚钱给自己花

我在浙江待过4年，那边的农村和城市与其他地方比起来，总体来说相对富裕。另外，我发现浙江的父母普遍擅长做生意。

读大学时，我们寝室有一个宁波女孩，她成长于一个单亲家庭，只有母亲相伴。有段时间，她对班上一个家庭条件一般的男生产生好感，两人谈起了恋爱。毕业后，她想和他一起去北欧留学。她妈妈得知后，就为他们出了担保金和学杂费。

而我室友的妈妈虽然只有小学学历，却凭借自己的智慧把女装生意做得风生水起。

有个假期，我们几个同学一起去她妈妈店里玩儿，顺便帮帮忙。那一次，我算是见识了她妈妈做生意的能力。一见到客人，她妈妈就知道哪件衣服最适合客人穿，以及说什么话才会让客人买下它。那些客人，有的本来只是想进店逛逛，可是基本没有空手走出门的；有的本来只想买一件，却在她妈妈的搭配和头头是道的推销下买了两三件。

浙江的父母会做生意，使孩子从小耳濡目染。我的大学室友大多是浙江女孩，大家晚上“卧谈会”的内容多为致富经——台州女生讲眼镜暴利，东阳女生讲义乌风云，嘉兴女生讲父母在昆明螺蛳湾的经商见闻。

罗辑思维联合创始人脱不花与猎头交流后，用一句顺口溜总结了职场赢家的共通点：要么信息差，要么“交际花”。“信息差”是指能抢先半步发现机会，需要敏锐的洞察力和超强的信息收集能力。“交际花”是指善于构建各种关系，不仅能与他人合作，还能促成他人与旁人的合作。

我们要努力成为职场赢家，赚钱给自己花。

2. 说好话给自己听

我读大学时做过一段时间的家教，帮一个初中女孩补课。女孩的爸爸在外地做生意，妈妈每天在她放学后接她回家。晚上我帮女孩补课，她妈妈做饭，然后我们三个人一起吃晚饭。

女孩的妈妈曾经私下对我说，她女儿内向，虽学习刻苦，但成绩一般，让我多夸奖、多鼓励她。不知是不是江南地区吴侬软语口音的影响，我印象中这位妈妈说话极其温柔。

如果你有一对能好好说话的父母，那么我要恭喜你——你已经打败了很多同龄人。

讲话扫兴、语带讽刺、大呼小叫的父母真不少，有的父母甚至在公共场合当着外人的面儿都会这样做，在家可能更过分。父母是爱子女的，但有些父母的爱都被粗暴的语言过滤掉了。

事已至此，我们不要怪父母。对于他们做错的事，我们一直揪着不放没有意义。你怪父母，你的父母再怪他们的父母……子子孙孙无穷匮也。

现在，请好好对待自己，你可以对自己说：

“我听到你的声音，我理解你的想法，我认可你的做法。”

“你现在做得就够好了，没有人能做到完美。”

“你有这种感觉是正常的，你的所有感觉都重要。”

“你的力量难以估量，你可以试着去做。我相信你有很大潜力。”

“你有资格说出愿望，表达你自己的看法。你的想法很重要。”

“童年发生的事不是你的错，请不要耿耿于怀，未来就在你手上。”

…………

无条件地爱自己，就是送给自己的最大的礼物。

成年后，你养的第一个孩子是自己

最近，各大短视频平台流行这样一个话题：把自己当女儿养。

刚刷到这个话题的时候，我立刻就被它吸引了，但是点开短视频，却发现大多是美容、购物等内容。我们好像只有舍得给自己“烧钱”，才算补偿小时候的自己。

“把自己当女儿养”，看似热血又励志，但是我有点儿担心：大家会不会对这个观点理解得有些肤浅，最后变成为自己“烧钱”。

商家在网络平台上打着“把自己当女儿养”的旗号刺激人们去消费，和曾经打着“你的钱并没有消失，只是换成物质的形式陪伴着你”的旗号一样，要是后面不挂商品链接都说不过去。

可能商家只讲了“把自己当女儿养”的A面，等待你的B面却是花钱如流水之后的“账单焦虑”。

有意思的是，我从没听说过曾经语文没考好、英语水平差、数学没及格的人说自己长大后内心一直有阴影，然后想要“把自己当学生养”，补偿小时候没认真学习的自己。

适当满足内心小孩的欲望无可厚非，甚至十分必要。但凡事过犹不及，我们如果“今朝有酒今朝醉，明日愁来明日愁”地过生活，沉沦在消费主义的陷阱里难以自拔，那么只会让明日的愁来得更加迅速而猛烈。

——

我关注的一位博主，童年过得不幸福，因为她的父母很难沟通。她的妈妈希望她懂事地做一个“扶弟魔”，帮助那不成器的弟弟，给他买车、买房、娶媳妇。她受不了那样的生活，毕业后逃到大城市，没想到上帝为她关上一扇门后马上为她打开了一扇窗——她赶上了互联网蓬勃发展的时代，通过写作赚了很多钱。

之后，她开始经常购买奢侈品，参加没有意义的聚会，出入各种饭局，沉迷于美容整形——以为这样做就是在补偿童年不幸福的自己。

渐渐地，以前她那些让我感动的文字，现在变成了纸醉金迷的风格，让我失去了阅读的兴趣。

过了很久，我偶然看到她在网络上发的一条短视频，知道她已经进军短视频领域。在那条短视频中，她系统地回顾了这些年起起伏伏的经历，感慨现在赚钱多么不容易，压力多么大，甚至需要看心理医生以缓解焦虑。

这条短视频让我感触颇多。其中一点是，消费主义从来不会一次性解决人的所有烦恼。像普拉提的私教课或者美容的一些项目，你花了钱，便会看到它给你带来的一段时间的惊艳效果。你因此大感振奋，但当你渐渐习惯了这种效果的威力后，它对你的影响便开始慢慢变小。哪怕只是回到最初效果阶段，你也会产生一种原本属于自己的东西被人拿走了的心理落差。

———

目前，我把女儿养到3岁了。也是在自己有了女儿后，我才慢慢领悟到“把自己当女儿养”的真谛。

1. 健康

我很在意女儿的身体健康。她每天吃的东西营养是否均衡，成分配比是否科学，是我心中考虑的头等大事。在她开始添加辅食后，我经常团购柴鸡蛋，购买有机食材，我对自己从未如此精细。当她想吃零食时，我想方设法转移她的注意力，担心她糖吃多了，影响新陈代谢，长出龋齿。

我很在意女儿的睡眠，所以睡前我要给她读绘本、讲故事、唱儿歌。她晚上常常不想睡，我就千方百计地安抚她，同时记录她每天入睡的时间，看看她的睡眠总量达不达标。

我很在意女儿的视力，会翻看很多关于儿童健康用眼的研究报告，了解儿童一天看电子屏幕的时间多久为宜，关注她看电视时有没有同电视保持3米以上的距离，反思我有没有做到多带她投入大自然的怀抱。

看到她身体某处磕了碰了，青了红了，我就心疼地帮她吹吹、揉揉；看到她快要跌倒、被撞，我就瞬间化身为身手矫健的守门员去扑救；在外面玩时，只要女儿跑得太快，离开了我的视线，我就担心得汗毛都会竖起来。

我告诉女儿：身体发肤，受之父母，你要小心地保护自己，不要受伤。

所以，把自己当女儿养，第一要义就是像在意女儿的健康一样在意自己。可是有多少声称要把自己当女儿养的姑娘，连这一点都没做到，她们随意糟蹋自己的身体，为了玩游戏、刷短视频而应付三餐，透支睡眠。

成都文殊院的墙上挂着一幅字："首先你要健康，其次都是其次。"这句话精准地概括了我对女儿的期望。

2. 快乐

无论我的女儿以前上幼托班，还是现在上幼儿园，我都很担心她会被人欺负，受委屈，不开心。

我见不得女儿受委屈。每次看到她眼泪快速盈满眼眶，嘴角向下撇时，我就心乱如麻，只想逗她开心。

一想到长大以后她可能为了照顾别人的情绪而隐藏自己的情绪，假装成情绪稳定的成年人，我就会产生一股集中了火力正向我"开炮"的伤心。

我的担心不是没有原因的。包括我在内的多少姑娘，活着活着，就弄丢了快乐和天真的能力。

我希望她能一直遵从自己的内心去做人生的每一次选择，永远保持快乐和天真。

———

我曾和一些年轻妈妈们聊天，当聊到希望把孩子养成什么样子时，像我们这种学龄前儿童的妈妈，一般的想法就是“阳光自信，健康开心”。

而对于孩子已经上了学的妈妈，她们要求更低：“让我省点儿心，别让我辅导作业就行。”对于孩子已经毕业的妈妈，她们要求也不高：“能有份工作，然后有个对象就行。”

我就纳闷儿了，她们对孩子的要求一般都是越来越低，很少听见谁列举出3条，比如希望女儿漂亮、优秀且自洽，希望儿子英俊、成功且孝顺。这是为什么呢？

我想到一个可能的原因，那就是人生处处充满“不可能三角”。

有段时间，我热爱搜集网友列举的各种“不可能三角”：理性—诚实—祥和，是与长辈相处时的“不可能三角”；好吃—好看—不排队，是在去热门餐厅吃饭时的“不可能三角”；稳定感—获得感—自由，是心态不稳之人的“不可能三角”；英俊/漂亮—事业有成—温柔体贴，是寻找伴侣时的“不可能三角”……

这些“不可能三角”，刚开始我当笑话、段子听，后来被我当“降压药”“救心丸”，用来把自己从压力和急火攻心的情绪中解救出来。

面对女儿，当妈的真没多么高的要求。

很多女人感慨自己处境艰难，既要上得厅堂，又要下得厨房。我想说，你如果真把自己当女儿养，就不需要做全能的女人。因为你舍不得让女儿活得太累、绷得太紧，舍不得让女儿在每个人生阶段都那么辛苦，你只会希望她人生的诸多“不可能三角”在动态中达成一种自得其乐的平衡。

把自己当女儿养，你可以对自己说：

“女儿，你不用那么美，因为你在我眼中就是最美的一个。有点儿草莓鼻怎么了，你就是我心尖儿的草莓。没有蜜桃臀怎么了，你就是我眼中的蜜桃。”

“你不用那么懂事。让你感到不舒服的人，你不要迎合。毕竟不是所有人都看得见你的好。”

“你也不用那么拼命，‘父母之爱子，则为之计深远’，人生很长，省着用自己。”

“你形象不够好看，人也不算有趣，在人海中更是平平无奇。但即便如此，你也是我最爱的孩子，和天上耀眼的星辰没什么两样。”

你先是你自己，然后才是任何人

6月末我迎来了女儿的3周岁生日。从她幼托班毕业，到上新幼儿园，再到各种毕业活动、新园体验、入园体检、情绪安抚，在整个流程结束后，我快忙晕了，也累坏了。过了好几天，我的注意力和感受力才稍微回到自身。

女儿的3周岁生日也是我生育孩子3周年的纪念日。这几天，我一直在回想3年来的点滴，感触很多。

一直以来，人们都很重视婴幼儿的成长。古人云，3岁看大，7岁看老；蒙特梭利说，一个人在3岁前学到的知识，是一生学到知识的一半；心理学家说，一个人在3岁以前造成的心理阴影，要花一生来治愈。对于3岁以下孩子的妈妈，人们貌似只有一句：一孕傻三年。

真的，这3年我感受到的忽视比关爱多，要求比支持多。

在我心情低落、想法极端时，“腹黑”的天蝎座属性让我想唱：“由来只有婴儿笑，有谁听到妈妈哭，当妈两个字，好辛苦。”

出于育儿需要，我涉猎了不少母婴类书。我的发现是，母婴类的书籍，重点在“婴”，不在“母”。我虽然学会了不少育儿理论和方法，却不知道应该怎么安抚自己那颗备受冷落的心。

儿童心理学中有个词叫“足够好的妈妈”。我研究了一下，发现背后全是在要求妈妈应该怎么做。我希望不只我们自己能对自己足够好，家人、职场、社会也能对我们足够好。

在女儿吹蜡烛时，我好想做个美美的白日梦，许下三个愿望：

1. 更名吧，产假

在孩子3岁以前，妈妈们的生活天然与假期矛盾，而且不可调和。

漏尿、堵奶、产后抑郁、婆媳矛盾、“散装式”睡眠、“对付式”饮食，都是产妇们面临的不定项选择。因生孩子放的假叫产假，不合适吧？

还有育儿假。一个人带3岁以下的娃，是脑力和体力的双重考验，因为3岁以下的孩子是“永动机”。据说，让一位奥运冠军陪一个2岁的娃2个小时，都把冠军累倒了。所以，把照顾婴幼儿的假叫育儿假，不恰当吧？

这两个假我都休过。请假前，我怕给同事添麻烦；请假后，我比上班辛苦若干倍，完全没有度假感。称其为“假”，会有引发羡慕的误导作用：老公会不会以为老婆在休假？公司会不会觉得女员工在休息？男性会不会以为女性得到了优待？

据我所知，日本就对此发明了新词。2022年，东京都知事小池百合子宣布将“产假”改名为“育业”。“产假”的日语原表述是“育休”，但“育休”一词给人感觉“不是为了照顾新生婴儿，而是以照顾新生婴儿的名义获得额外的休息”。“育休”的侧重点在“休息”，而非“育儿”。小池百合子表示：“我们决定使用‘育业’，希望通过这样的词汇改变人们的思维方式。”“育业”包含两层意思：一是育儿是一项重要的事业；二是育儿与普通工作一样，也需要周边人和职场的配合，需要有团队精神。

假如我们也将“产假”改个名字，剔除自欺欺人的成分，面对现实，或许更容易让女性获得想要的支持。

2．觉醒吧，社区

这3年，我结合自己的感受，再看看网络上妈妈们的吐槽，听听身边朋友们的聊天，得出一个结论：人类的悲喜可能并不相通，但妈妈们的悲和喜重合度却挺高——职场压力、经济压力、身材焦虑、健康焦虑、夫妻矛盾、婆媳矛盾……

社区如果有便宜又值得信赖的幼托机构，且不是下午三四点就关门，那该多好。社区如果能开设丈夫如何做好新手爸爸、公婆与儿媳的相处之道等系列讲座，那该多好。

社区可以多教教新手爸爸们承担家务和育儿责任的同时不忘为产妇提供情绪价值，多教教婆婆们不要自作主张溺爱孩子，多教教三代同堂者彼此相处应有的尊重和边界。

社区可以为准妈妈们组织通风会，通过过来人的分享让已育者释放压力、未育者少走弯路。社区还可以为新手妈妈们组织交流会，每半月或一个月一次，让她们说说带娃难事，互相学习经验，传递力量。

社会如果创造出“就算女性一个人也能轻松抚育婴幼儿”的环境，我猜想女性的生育意愿就会大幅提升。

3. 快乐吧，妈妈

我33岁怀孕，自认为做好了我能做的一切准备。

经济方面，我在本职工作之外，发展好写作副业；帮手方面，我有有洁癖的老公、退休的爸妈、住得近的公婆；身体方面，我一直坚持适合自身情况的运动，产检指标一路“绿灯”；心理方面，我读了几十本心理学方面的书，了解了原生家庭对孩子的影响……

我即便做了如此精心的准备，我的育儿路也依然充满坎坷。如果能穿越回去，我会告诉那个自以为准备好一切的33岁的自己说：允许一切发生。

在任何情况下，请学会快乐。我们有条件要快乐，假如没有条件，创造条件也要快乐。

别苛责自己。很多人说我乱花钱，且花的都是“智商税”，但我知道我只是在买一双无形的手照顾自己而已。

请让我当一个快乐的妈妈。你们就算不配合，也别添堵。谢谢。

成为你想成为的人，哪有没时间这回事

养自己和养女儿一样，都需要时间、金钱、精力等条件。这篇文章我想聚焦在时间管理上。

我对时间管理的方法有着强烈的需求，曾发誓，市面上时间管理类的书每出一本我就看一本。我有个笔记本，用它专门记录节约时间的理论和方法，逮到相似场景就积极试用相关方法，争取磨合出最适合自己的改良版本。

时间×交通

地铁是非高峰时段出行的最优选择。在地铁上，五感全为可用状态，我们可以看书、写作，易进入“心流状态”。我闲时摸清省时方案，本站地铁倒数第3节车厢对应上行电梯口。当我赶时间时，在地铁快到站前，我就走到相应车厢的门口位置，判断门左开还是右开，做第一个出车厢、第一个上电梯的人。

搭乘网约车或出租车时，耳、手、嘴可用，我们可以休息或打电话。为避免晕车，我们应尽量少看手机。我如果要听东西，就会礼貌地请司机调小音乐声。

自驾出行时，仅耳可用，很耗精力。仅在交通不便且目标地点停车方便，或要接送人、带很多东西时选择它。

对于公交车，除了完美匹配路线且车站距离目的地步行3分钟内，否则我们决不要考虑。等车前我们可查阅公交软件，掌握要乘坐的公交车的到站时间。

再怎么想节约时间，过马路时我们都不要戴耳机或打电话，牢记：遵守交通规则就是爱护生命。

在出行方式上，我们梳理清楚了选择逻辑，在面临选择时，我们就会少浪费些时间和精力。

时间×产出

我喜欢写作，6年出版了4本书，但我觉得已经把能用的时间都用上了，即便这样，还是会被读者催促赶快写下一本。

自媒体人吕白说，对于实用类文本的写作，他和团队采用互动式写作，一年能出三四本高质量的书。他会让助理先把相关话题准备好，然后向他提问。他们通过问答形式交流两个小时后，把录音转换成文字，再打磨文稿。之后他们用两周时间丰富故事和补充案例，再精修文字和精炼语言，最后就完成了一本质量有保证的书稿。

他的方法给了我一些启示，比如有些干货型文章，写之前可以通过录音的方式先口述下来。当然我还是习惯在电脑文档上逐字敲出，但口述会让我的写作逻辑更顺畅，减少写作的卡壳现象。所以我一旦想到灵感或素材，就赶紧口述录下来。

写作时，我秉持一个信念：一个人在任何时候都可以进入“心流状态”，不一定非要在没人打扰的地方。外界噪声其实是放大的内心杂音。

在坐车时我常训练自己，闭眼做3次深呼吸后，开始思考严肃的问题，没想到也可以专注到产生心流体验。

时间×工作

工作中，一个任务被一次搞定最省事。我曾经在上报一个会议记录材料时把同事名字中的一个字打错了，发现该问题后感觉愧对同事，抓紧想办法道歉。我又联系各环节工作人员，重新编辑修改。弥补错误的时间，是干正事的数倍。

但是，我们也别逼自己太紧了。我以前拍视频时，有一天计划拍两条，第一条我来来回回拍了十几次都过不了自己这关，心情异常烦躁。拍第二条视频时由于时间紧张，我豁出去后反而第一次就过了，最后收获的效果也让我惊喜。

我们可以让“一次性通过”的要求成为任务交付前提醒自己认真检查的理由，而不要把自己逼得喘不过气来，导致动作变形。

你如果在工作中像我一样，常被指定为会议内容记录人员，就有必要学会记录会议笔记的窍门。一位作者写的书里提到，他一边和客户沟通，一边用在线文档记录，会议一结束立马导出文档发给客户，连客户都好奇他怎么能把会议纪要做得又快又好。那他是怎么办到的呢？他说，先要知道会议和谁开。如果是和客户开会，那他会提前思考客户最在意的问题。在会议进行过程中，他会记录此次会议的关键词和要点。在听会2分钟后，根据双方沟通的内容，他就可以列出框架、问题、方向、建议、方案，然后边听边往框架里填充内容，遇到与主题相关的内容就列出关键词，不相关的内容便无须扩充。这样在会议结束后他就能直接完成一份简明准确的会议纪要。

还有一件重要的事，就是根据习惯选择让工作变得高效的场所。有一位广告总监，每次想要完成一份企划书时，他都会离开自己家去咖啡厅。因为他有严重的洁癖，看到家里不干净就想打扫，只有在咖啡厅才能专心做事。

写作此书的过程中，我也经常去星巴克。因为我在家不是照照镜子，就是剪剪指甲；不是贴贴眼膜，就是刷刷手机。我好像干了很多事情，就是没写几个字。当我背着电脑到星巴克后，我把聊天声、音乐声自动处理成白噪声，专心写作，一下变得很高效。

时间×生活

衣：

我在衣服搭配上无天赋、无热情、无耐心，买衣服时为了方便搭配就买套装，就算不买套装，也要拍下店家的搭配，根据不同场景照抄公式就好。我认为上衣是主，裤子是次，根据上衣颜色买同色系的内搭，再买商家搭配的款式或颜色相似的裤子。

食：

点外卖时，我经常会打开外卖软件，翻看半个小时也下不了单。在打开外卖软件之前，如果脑海里没有当天特别想吃的东西，我就直接在历史订单里找平时最常点的餐，点“再来一单”。

住：

我把新家换了指纹锁，体会到了不用找钥匙，伸出一个指头就能开门的方便；装上了洗碗机，我把洗碗的时间省出来了，自己去找乐子。

物：

我们买东西要货比三家，且只比三家。很多时候，我们东家看看，西家瞧瞧，头昏眼花，过度消费。我们要理性购物，因为买了不需要的物品是三重浪费：浪费金钱，浪费挑选时间，浪费放置空间。

时间×设备

君子“动口”不“动手”。智能手机的很多功能我们要积极使用。比如，我要做个眼膜，在贴好眼膜后，直接张嘴：“小×小×，15分钟后提醒我。”我要打电话时，提前张嘴：“小×小×，打电话给×××。”

看视频时，我们先想好要看什么，然后主动输入相关关键词。因为我们一旦被动跟着相关平台算法推荐的视频看起来，不花上几个小时很难脱身。

我们要像下棋高手一样安排任务。很多时候人对即时刺激会被动回应，不会积极设定处理任务的优先顺序。做人做事如同下棋，我们下着这一步，得想着下一步。我希望自己主动过每一天，而不是像小仓鼠一样在仓鼠笼中狂奔，但位移有限。

我们越忙碌越要用高效率工具。忙碌不等于高产，忙碌可能只是一种低效甚至无效率的模式循环——人受到刺激做出回应，再受到刺激再做出回应。我们不要瞎忙，要高产。

人啊，为达目的一定要“择”手段。

时间×沟通

我们在同他人加上微信后，要养成当场修改备注的好习惯。如果是业务上认识的人，我们就要注明××公司××部门，甚至加个括号注明认识契机，不然以后要找此人很麻烦。

杨天真说，她和别人约在餐厅见面，若自己先到，就会把桌号告诉对方；若地方比较难找，她甚至还会录一条视频发给对方。

我的瑜伽卡快到期时，店里的销售人员告诉我续费有优惠。其实我之后想学拉丁舞，便不想再续费了。但我一直有替人尴尬的臭毛病，于是用了各种方法婉拒续费一事，但销售人员却越挫越勇。你如果和我一样，难以当面开口拒绝别人，不如转换成线上拒绝，用微信讲清楚，不要浪费时间去处理无谓的问题。

我学时间管理多年，心得是：没事时，好好规划时间；有事时，好好利用时间。

沉浸式做自己，不要东张西望

上一次休假时，我和老公带着孩子回了云南老家。出发前，我计划在昆明以玩会友，若玩得兴致到了，澄江、元阳、西双版纳、香格里拉……想去哪里就去哪里。结果我们刚在昆明住了两晚，就被爸妈紧急召回，说我奶奶想见重孙女。

我奶奶年近90，执意要住村里祖宅，因为那里抬头就能看到的山上埋着我过世的爷爷。每年，我爸和二叔轮流去村里照顾她。

我们回到村子里，一住就是一个星期。刚开始我们住不惯，因为室外太阳太大，室内没有空调，洗澡和做饭的卫生条件都比不上城里，晚上睡觉还得和蚊子“搏斗”。

我们没看电视，也很少看手机，还带着女儿去看了大鹅的长脖子。院子里的杧果树长得郁郁葱葱，女儿时不时去捡树下掉落的小杧果玩儿。我想，也许这就是“沉浸式生活”吧。

每天太阳落山后，我和老公会在路上骑自行车。他说天空飞过的是蝙蝠，我说不是。我们骑行大约3公里，然后停下来喝杯奶白酒，再继续往回骑。回程已没天光，我们打开手机的手电筒，极其专注地骑回去。

每晚在女儿入睡后，我俩会到天井里看满是繁星的夜空。刚开始我们还在卖弄知识，这是北斗七星，那是北极星，后来陷入悠然的静谧，看着绝美的夜空，想了很多，仿佛又什么都没想。

尽管被亲戚朋友不停地催促回城相聚，但我们拖延了一天又一天。我看着夜空、山峰、植物，时而发呆，时而微笑，时而流泪。

那一周我用心生活，也没计划每天的事，只是活在当下，以至于手账本、手机相册、社交媒体都还是原来的样子，没留下一点儿纪念之物。

尽管那时没留下什么纪念之物，但如今我回忆起来，白天的云、夜晚的星、树上的叶在我印象中却是那样清晰。

休假结束后回到大连，我忘不掉的不是同学的起伏人生，也不是亲戚的离奇遭遇，而是那使我心境旷达的“沉浸式生活”，后劲儿十足。

我联想到美国小说家朱莉娅·卡梅伦讲述过的关于她外祖母的故事。她的外祖母生前喜欢写信给她，信的开头通常是：“迎春花开，今早我第一次看到知更鸟……这么热的天，那些玫瑰还开得很旺盛……我养的那些蟹爪兰快开花了……”对于她来说，外祖母的生活总是历历在目，像一部家庭录像。“老伴儿咳嗽得更厉害了……新养的狗喜欢趴在我的蟹爪兰花坛上睡觉……你能想象得出来吗？”

朱莉娅当然想象得出来。外祖母的信，为大自然的每一轮四季以及外祖母生命的悄然变换做了丰富多彩的注脚。而她的外祖父是个赌徒，曾几度倾家荡产。即便是这样，她的外祖母也能活得很自在，其中的答案和智慧或许就隐藏在信里——用心留意生活的美好，专注于当下。

生命的品质与制造喜悦的能力成正比，而这个能力正是通过“沉浸式生活”来获得的。开始时，它也许只能治愈具体情况引发的具体痛苦；最终能治愈的，肯定是深埋于心底的痛苦。

———

一次我去体检，做心脏彩超时被医生检查良久，他建议我去三甲医院再查一下。结果是“二尖瓣中度反流”，有医生建议我做手术。

那几天我一想到女儿和父母，心就隐隐作痛：女儿还小，没妈咋办？父母未老，失独咋办？而我还得忙着搬家，忙着谈新书的出版合作。

搬家的那天晚上，我吃完晚饭，收拾完东西后，坐在小区木椅上等搬家公司的人。那时已是晚上八九点钟，竟然还有学生在弹琴，我坐在那里一曲一曲地听着。其间还有邻居在楼下遛狗，我看着月光下小泰迪一抖一抖的毛茸茸的小耳朵，眼泪瞬间就流了下来。我的苦闷好像被夜风吹走，被琴声抚慰，被小狗疗愈了。

人在痛苦的时候，思考未来是可怕的，回想过去是痛苦的。当我用心去留意当下的事物，去看，去听，去闻，去感受，我发现每个瞬间都不失美好，它们是更高力量带给我的能量和启示。

现在我想起我的心脏问题，除了最后有位医生说的“不必手术”，还有凝结在记忆里的琴声和小狗，月光和清风，多庆幸自己失意时仍能留意到身边的一切美好。

诗人乔治·梅瑞狄斯说过，对一个人最坏的评价莫过于“并没有留意”。这次的体检结果提醒我，我的生命或长或短。说句难听的话，我如果在人间时间有限，最后躺着不能动时，想到的都是自己忙着赚钱养家，忙着东奔西跑，对于生活真正的质感，如果我“并没有留意”，我就会带着遗憾离开人间。

——

这些年，我发现“沉浸式”的概念非常流行。有“沉浸式餐厅”“沉浸式展馆”“沉浸式游戏”，更有“沉浸式护肤”“沉浸式吃饭”，万物皆可“沉浸式”。我在电商平台输入“沉浸式”，就会出现一堆商品链接，让人应接不暇。敏锐的商家肯定已经发现，非“沉浸式”的生活，是很多现代人的痛点。

关于什么是“沉浸式生活”，大家见仁见智。如按自己的节奏生活，不在乎别人的看法，用心过好每一天，珍惜每分每秒……它们虽正确，却大而无当。

我理解的“沉浸式生活”，最大的要点在于留心感受“附近”。人类学家项飙说过的一句话提醒了我，他说：“现代社会有一个趋势，就是‘附近’的消失。”面对今天的生活，我们要么为未来焦虑，要么为别人操心，要么跟自己过不去，所以才会感到焦虑和患得患失。而我们翻开任意一本讲述深度休息和高效工作的书，看见的概念都是这几个“常驻选手”：“心流”、正念、冥想、运动。

其实，我们只要留心观察周遭，感受周遭，就会发现，一缕清风、一股花香、一眼风景都是了不起的治愈神器。

当我连续多日工作就靠电脑，吃喝就靠点外卖，购物就选线上电商，有空就刷手机——这种“悬浮式”生活会让我失去表达的欲望和灵感。而当我挥别“悬浮式”生活，拥抱“沉浸式生活”，开始好好吃饭，好好睡觉，专心做事，体悟周遭发生的一切，做事时尽了力，休闲时尽了兴，我发现：一切都以肉眼可见的程度好了起来。

当我写文章没思路时，我习惯到楼下走走。路人聊天的只言片语，行人的穿搭动作，鸟虫的姿态，阳光的温度，天空的色调，城市的秩序……它们很容易把我从自怨自艾的小情绪中拉出来。留意真实的“附近”，对驱散我的“脑雾”和“心雾”特别有效。

现在很多沉浸式产品让人专注于虚拟情境，感到愉悦和满足，从而忘记真实生活。殊不知真正的沉浸式生活充满了强大的洞见、疗愈的潜力，很多人并未发现。

我读完赫尔曼·黑塞的小说《悉达多》后，颇为震惊，原来悉达多才是重养自己的巅峰案例。悉达多出生在一个幸福的家庭，从小感受到父母、朋友之爱。虽有智者把智慧传给他，教他思辨和观想，但他内心不安宁，精神未满足，不顾父母反对，出家修行，成为一名沙门。他每天试图通过打坐、禅修、苦修让自己进入空境；试图通过斋戒、禁欲让瘾念在自己的心中止息。可他的灵魂依然未得平静，哪怕听了

世尊乔达摩的点化，他依然没有觉醒。他回到繁华的世俗生活中学习，因为擅长等待、思考，将生意越做越成功，此刻，悉达多被尘世的欲望困住，变得迟钝又疲惫，再次迷失了自我。

真正让悉达多开悟的是船夫。船夫在日复一日的摆渡中，“向这条河学到一切”。“对河流来说只有当下，没有过往的阴影，也没有未来的面纱。”船夫的话终于让悉达多跟自己和解，他学会了倾听一切、关注当下，人生到达圆满。

知识可以被传授，方法可以被习得，但智慧需要自己去领悟。而生活是最好的参透人生智慧的媒介，厉害的人都在“沉浸式”生活。

从按部就班到“俺不一般”

我曾看到这样一种说法：人类只有那么两三种人生版本。

人生版本才有两三种？我不相信，试图采用穷举法来反驳它。

一种是冒险主义者的人生版本。对待人生，他们不按常理出牌，凡事不走寻常路，标新立异，特立独行，总是高歌猛进，勇往直前。无论最终的结果令他们声名远播，还是臭名远扬，他们都是“流量C位”、人群焦点，永远都能吸人眼球，时刻表现出一副大人物的姿态。

一种是按部就班者的人生版本。对待人生，他们循规蹈矩，墨守成规，亦步亦趋，随波逐流，不想出风头，不做出格的事，缺乏冒险精神和创新精神，看起来总是一副小人物的姿态。

想来想去，我只想到了这两种人生版本，而我则属于按部就班阵营里的人。

———

有人觉得按部就班的人生不好，一眼望到头，一切都是一成不变的，没波澜，没盼头，是翻不了身的咸鱼。歌手毛不易说过一句话，大意是，我们要允许一些人有安静的青春。我觉得很有道理。因此，我认为也要允许一些人过按部就班的生活。

我从小到大见证过不少突如其来的变故：小时候，我见过好朋友的家长突然面临下岗时的手足无措；再长大一些，见过亲戚出租商铺，为卷款逃跑的租客处理留下的烂摊子；大学毕业后在深圳实习时，见过一起实习的伙伴被老板叫进办公室，却被告知明天不用来了。

现在，由于科技发展很快，人们担心深耕多年的行业突然消失，担心被人工智能抢走饭碗，担心不知何时何地蹿出的“黑天鹅”。

所以我觉得一个人若可以按部就班地工作和生活，过上一眼望到头的日子，也是一种非常不错，甚至是“轻奢”的梦想，它能够为自己带来足够的安全感和稳定感。

大起大落的人生非我所欲也，我喜欢“平平淡淡才是真，有事没事偷着乐”的生活。

———

对于按部就班者来说，这是最坏的时代，也是最好的时代。

之所以说现在是最坏的时代，是因为工作越来越不稳定，铁饭碗越来越少，一眼望得到头的稳定生活，变得越来越风雨飘摇，遥不可及。

用复旦大学人文学者梁永安的话来解释就是，在历史上，人类分别有着游牧民族、海洋民族、农业民族三种属性，而今天的年轻人不属于任何一种单一属性，他们往往“自我分裂”：“他们的生存方式、劳动方式是农业民族定居式的，要风调雨顺，具有因果逻辑的直接性，延续的是农业民族种瓜得瓜、种豆得豆的传统思维；但现在势态下的我们又有很多游牧民族的特点，需要我们‘逐水草而居’，像找工作，大有这个特点；全球化阶段，我们又有海洋民族的特点，必须去探索、开拓，去乘风破浪。”

我们按部就班者是典型的农业民族的后人，懂得做周期性的事，坚持长期主义。但坏处是，我们如果不走出舒适圈，不主动学海洋民族和游牧民族的优点，就很可能会被时代不打招呼地淘汰出局。

为什么又说这是最好的时代？因为时代和科技能够补足按部就班者内心的欠缺——我们虽然生活安稳，但内心有时也会感到乏味。

对于按部就班者来说，我们的生活变化不大——不变的多点一线、不变的工作内容、不变的领导和同事，所以一点微小的改变，都会成为我们饭桌上的话题，茶水间的谈资。我们的人生，最缺的就是“变”。这个时代，恰好为按部就班者提供了“变”的条件和机会。

而对于冒险主义者来说，他们最缺的是不变的生活带来的稳定感。因此，他们会在多变的生活场景中试图找到一些不变的东西，用不变的锚点稳住自己。

——

前段时间，我总结了最近两三年看过的书，其中很喜欢的有《一个人的朝圣》《三体》《明朝那些事儿》……这些书要么是讲述按部就班者的故事，要么是按部就班者写出来的故事。

让我感慨的是，这些人表面上按部就班，其实很不一般。

美国心理学家亚伯拉罕·马斯洛提出了著名的“需求层次理论”，他把人类的需求分为五个层次，从低到高分别为生理需求、安全需求、社交需求、尊重需求和自我实现需求。

对于按部就班者来说，前几个需求他们都已经满足了，接下来追求的应是自我实现。

你如果和我一样也是按部就班者，就不必妄自菲薄。在伯尔尼专利局上班的科学家爱因斯坦是我们中的一员，在劳工事故保险局上班的荒诞小说家卡夫卡是我们中的一员，在海盐县文化馆上班，写出《活着》的先锋作家余华是我们中的一员，在山西娘子关发电厂上班，写出《三体》的科幻作家刘慈欣也是我们中的一员。

我们按部就班者，并不都像别人说的小人物那样，只知道求稳妥、求庇护，只关心涨薪水、还房贷，是工具人。

上班的时候，我们把事情一件一件做完；下班的时候，我们也可以发展具有个人特色的爱好和特长。

我的一个朋友长期混迹于市民健身中心，她告诉我里面有很多教练都是业余出身。白天他们可能是文员，可能是司机，但只是因为对健身很感兴趣，他们在健身方面有了一定的成绩以后，就从爱好者变成了教练。

同样面对孙悟空画的一个圈，“高段位”的唐僧可以在圈里打坐禅修，自得其乐；而“低段位”的人则只会感到百无聊赖，坐立不安，找不到意义，看不到希望，不停地羡慕圈外之人。

你如果从骨子里就是个按部就班的人，不妨看看以下三个小建议，让自己从“低段位”提升到“高段位”。

1. 不要赋予按部就班的工作过多意义

有一次我听到一个在一家公司工作了10年被裁员的人感慨：“工作仅仅是一份赚钱谋生的手段而已，生活才是目的。我们不要试图在谋生的地方，赋予太多人生的意义。”我觉得她说得很有道理。

2. 不要小看按部就班的意义

在网络上看到过一段“治愈”的话：“当你想要做成一件事的时候，你最应该做的其实是保持安静和用心，渴求别那么强烈，规划好每天要做的事情，然后按部就班地去完成。慢慢地，一段时间过去后，一切便会水到渠成。”

3. 有时需要做出一些改变

在生活层面上，我们要让自己多一些随机性，试试不带目的地走走，不做规划地旅行，中途提前一站下车，换条路看看不一样的风景。工作上我们已经足够按部就班，就让自己多为生活创造些亮点。

生活里冒出来的厌倦点、无聊点、焦虑点，都值得好好珍视，它们是未来的你向现在的你求救的信号。

你如果也是一个按部就班的人，不必假装成冒险主义者去违心地生活。你可以在按部就班者的人群里找到榜样，找到力量，找到方法。你可以把“丧气”转化为“静气”，把无聊转化为资源，好好雕琢自己的生活、自己的爱好、自己的作品，或者干脆雕琢自己。

过着按部就班生活的你，也许有一天会夸自己一句：俺不一般。

第二章／

灵魂有趣+身体健康=一个女生的“王炸”

美是多元的，青春有朝气美，中年有智识美。单一的美是易逝的，与其追求逆天改命，不如拓宽美的边界——健康是美，劳动是美，创造是美，优雅是美，从容是美，逍遥更是美……

审美的纠偏，是成长的必修课

在审美方面，我们这一代女性的态度大多会从过度紧绷走向过度膨胀。

我们从小就听父母说，简简单单就是美，朴素干净才好看，学生要有学生样，内在美比外在美重要……

小时候，我只有趁父母不在家时，才能短暂放飞爱美之心。我会偷用妈妈的化妆品，披着床单扮白娘子。当父母快回家或我即将出门时，我会马上将爱美之心封存起来，然后换回宽大的运动套装。

我们的爱美之心从小就受到贬抑。于是在上大学没人管后，我们便开始报复性反弹——护肤、化妆、打扮、减肥……仿佛以前压抑过久，我们现在要连本带利地讨回。

工作后，随着可支配收入增加，我们更想把身上的部位逐个优化，于是逐一下单买回各种瓶瓶罐罐，逐一尝试各种美容仪器，逐一体验各种美容项目。

从一个极严的环境到一个极松的环境，我们很容易行差踏错。花点儿冤枉钱、走点儿冤枉路还是小事，关键问题是我们在这个过程中会痛苦、焦虑、自贬，甚至会阻碍成长以及迷失自我。

我认为，一个人要想正确地变美，先要有正确的审美观。所以，把自己的“审美观”重新纠偏是我们成长的必修课。

1. 原生家庭的审美纠偏

一位央视主持人说，她小时候喜欢照镜子打扮自己，但她的父亲总会批评她：“你有照镜子臭美的时间，还不如多读读书。”“马铃薯再怎么打扮还是土豆，你照（镜子）还能（把自己）照得更好看吗？”这些伤人的话，让她从小记到大。

一位朋友在读中学时甚至被妈妈问道：“你打扮得那么好看，要去勾引谁？”提起这件事，她到现在还是难以释怀：“为什么在我妈眼中，打扮就等于学坏？”

我试着从妈妈的视角理解父母的真实用意。我女儿现在3岁，走在小区里会被人问是小男孩还是小女孩——她和小时候没留过长发、没穿过裙子、衣服颜色非黑即灰的我一样，总会被人问是男生还是女生。

女儿的中性打扮不是对我的自动延续，而是我权衡后的选择。一是出于打扮的必要，我的女儿我觉得怎么看都好看，不需要格外打扮；二是出于安全的考量，小到怕被蚊虫叮咬、走路跑步摔跤，大到怕被坏人盯上，被人贩子拐走。

有了女儿后，我终于理解了父母对孩子的兜底心态。其实，很少见到父母希望孩子将来变成亿万富豪、顶级美女，也不曾想让孩子改变世界、造福人类。更多的父母只是希望孩子长大后能有份稳定的工作，和门当户对的人组建家庭，平安顺遂地过一生。父母对孩子未来的希冀没有上限，但一想到下限可能缺少保障，就会寝食难安。

父母会选择提前让孩子知道，没有智慧护航，光有美貌很危险。父母告诉孩子做人不要太出头，不必太显眼，因为他们不想让孩子做“出头鸟”，不想让孩子被坏人看到。

但是，父母作为监护人，把我们养到成年，管好我们学生时期的穿着打扮就功德圆满了。在我们步入社会后，我们应该主动拿过接力棒，自己对自己负责，建立真正属于自己的审美观。

2. 商业社会的审美纠偏

步入社会后，我们就一头扎进了五彩斑斓又真假难辨的世界。

我刚工作时，拿了工资就去逛街，在化妆品柜台前流连忘返。美女的蛋壳肌、文案的造梦力、人间难觅的珍稀成分在高科技的加持下，给我营造了“我用我也美”的氛围感。

那一两年，我的生活陷入了“看到化妆品文案或海报就心生向往—领工资后就买回来用—皮肤焕白焕亮并未发生（皮肤屏障受损是常有的事）—复盘我没有选对或用对产品的原因—继续被化妆品文案和海报打动”的循环。

当我验证了不少品牌和功能的护肤品效果有限，不再乱买乱用后，我又被告知护肤品无法抵达真皮层，只有通过医疗美容手段才能抵达。我迟疑了，这样下去真的正常吗？

科技的进步，使我们的生活到处充满了具有欺骗性的完美形象。例如，在广告和电视节目中，通过后期处理，人的皮肤可以变得白皙水嫩，牙齿洁白有光泽，头发顺滑飘逸，身材纤细苗条。总之，通过技术处理，他们能让观众看到各种完美形象，进而让观众自惭形秽。这种欺骗性幻觉潜移默化地改变了观众对真实生活的认知，让人产生强烈的不适感。可观众就算消费了夸大效果后的产品，也满足不了人为制造的“伪需求”。

因此，重养自己的审美观需要进行两次纠偏——原生家庭的过度保护带给我们的美感蔑视，以及商业社会欺骗性幻觉带给我们的自我贬损。

我们在走过弯路、撞过南墙、掉过陷阱之后渐渐明白，我们是整体的，不是局部的；我们是真实的，不是美化的。

美是多元的，青春有朝气美，中年有智识美。单一的美是易逝的，与其追求逆天改命，不如拓宽美的边界——健康是美，劳动是美，创造是美，优雅是美，从容是美，逍遥更是美……

我历来对生活习惯、皮肤护理较为上心，但对发型和穿着很随意。因此，本着查漏补缺的态度，我应该适当地注意自己的整体形象。但正如《谇范叔》中所言：“先敬罗衣后敬人，先敬皮囊再敬魂。”人们无法避免地会先注意到一个人的外在形象。

工作时我们要重视形象。当我着装不当时，自己就会走神，导致别人的注意力也可能会跑偏；而当我的形象“在线”时，自己是否得体就不会占据我的思维“带宽”。

休闲时我们也别忽视形象。这几年我没出国旅行，有时会翻看以前旅行时拍的照片，发现在日本时我全程穿着臃肿的羽绒服，在泰国时我全程穿着黑灰“懒汉衫”。我一边翻看照片，一边责怪自己当时不修边幅。

我们适当注意外在形象，也是把专业和尊重穿在身上，把心情和风景穿在身上，能大大提升自己的精气神和愉悦度。

外在形象固然重要，但又不想在这方面花太多时间，因为我还有很多其他更重要的事情要做。这几年，我终于找到一个省时又高效的办法——因材施“美”。

我找来一些变美专家的操作性强的书或课程学习，且只看与自己相关的部分。我当时为了研究适合自己的发型，就参考教程，根据自己的脸型、面部轮廓、发量、发际线、额头饱满度、头肩比、性格、气质、肤色等要素，确定了理论上最适合我的头发长度、曲直、颜色、蓬松度、刘海样式。

理论上，我发型的“天花板”是不染色、无刘海、长度到锁骨的蓬松中长发。以前我一直都是原色短发，为了验证这个结论，我花了三个季度把头发留到锁骨的长度。每次把头发吹出略带卷曲和蓬松感的效果，我都感到前所未有的惊喜和满意。

我解锁了理论外形“天花板”，并在关键时刻如法炮制。平时，我根据自己的时间、精力、心情和习惯，找到了自己现在的形象和“天花板”形象之间的便捷平衡点。

年纪越大，我越爱《庄子》里的《德充符》一文。“德”指的是忘形忘情的心态，“充”是充实之意，“符”是验证之意。庄子提到一些“怪人”，有的天生没有腿，有的背上长瘤子，有的肩膀比脑袋高，可是这些人觉得长成这样就叫“天全”。

当不再被外在形体束缚，人就与道合一；当不为一般的情感、情趣所左右，人就自在逍遥。与他们打交道的人，也会渐渐被他们内在无限的、高贵的、深刻的精神境界吸引。庄子说：“故德有所长，而形有所忘。”

美不只关乎外在的颜值，更关乎“精神颜值”。做了适当又高效的努力后，我们就忘形忘情，自在逍遥吧。

成为一个有趣的姑娘

你是不是像我一样，心中也有一个名单：如果我是男人，谁将会是我最想娶的女人？

几年前，我在深圳认识了一个姑娘。她就是我心中的最佳人选，因为她很有趣。我几乎不曾听到她埋怨工作、说别人的闲话，只见她每天都能从日常生活和工作中找到小新意。在我去她家做客时，她会做新学的裱花咖啡给我；去餐厅吃完饭后，她会在留言簿上画有趣的漫画；她常常会两眼放光地给我推荐城市中有情调的小角落、别具匠心的小物件，以及她亲测好玩的新奇体验。

和她在一起时，我哪怕刚开始兴致不高，也会渐渐被她快乐、热情的状态感染。认识她之后我才发现，有趣是一种社交美德，更是一种人格魅力。

结合我的所见所闻，我觉得有趣的姑娘在性格、气场及谈吐上有以下共同点。

她们对生活热爱且投入。她们经常神采奕奕，且极具生活情趣；她们对未知充满期待和好奇心，喜欢尝试新鲜事物；她们积极乐观，有顽童心态，有激情，易快乐，笑点低，很少发牢骚。

她们有丰富的阅历储备。她们读过万卷书，行过万里路，有情怀，有历练；她们自有一套稳固的认知体系，但也不排斥别人的观点；她们不狭隘，不固执，没有鄙视链。

她们表达清晰，真诚幽默，状态松弛，反应迅速；发表自己的观点时，她们尺度拿捏良好；和别人讲话时，她们能把自己的注意力放在对方身上。

她们会对日常生活进行“微打破”。她们拒绝长久地陷在鸡毛蒜皮的事情中，喜欢沉浸在自己的兴趣爱好中；她们有想象力，创意十足，喜欢跨界，是自己精彩生活的总策划；她们有不同于职业身份的多张名片，不墨守成规，时常给周围的人带来惊喜。

由于写作的关系，更多有趣的姑娘进入了我的视野。“90后”创意晒娃辣妈罗浅溪怀孕时，在保证安全的前提下，以自己的肚皮为画布，用颜料把婴儿的样子勾勒成画。一位怀孕8个月的朋友看到后觉得十分有趣，邀请罗浅溪也在自己的肚皮上即兴创作。罗浅溪为她画了一幅宝贝双手捧着脸蛋、笑着望向母亲的画。

几年前我采访作家满碧乔，问她写作时卡壳了会怎么办。她的回答是，半天憋不出一个字时她就不再硬写，出去跟朋友们一起吃顿饭，给他们讲一下人物设定和故事构想，在朋友们七嘴八舌的启发下她就能把问题轻松解决。

如果你身边也有这样有趣的女性朋友，和她吃个饭、聊个天就能让你暂别现实，悄然主宰你所写小说中人物的命运，而不是让你仅仅局限在自己的奖金为什么没有同事多，昨天婆婆做饭放太多盐这种煞风景的话题上，那你已经比许多人幸福了。

那么，我们怎样做才能成为一个有趣的姑娘呢？

1. 多沉浸在有趣的人和事里

工作之余，我们要多给自己创造有趣的环境，看高质量的脱口秀节目，刷机智的段子手微博，生活中尽量接触说话有趣、有料的人。

“有趣因子”是择偶的重要指标。能嫁给圭多的人，即使生活再灰暗，她都能发光、发亮。这位意大利电影《美丽人生》中的男主角，把纳粹集中营对犹太人的戕害改编成一个升级打怪赢装备的游戏，换来了儿子没有心理阴影的童年。

我们在耳濡目染中过得舒坦、开心了，做着自己喜欢的事，就不会产生牺牲感，更不会心态失衡，才能把正能量延续下去，因为悦己永远是悦人的前提。

2. 升级知识、信息储备

读书、看电影、看纪录片、参观展览、旅行、学点儿冷知识、与不同背景的人交流等，都能拓宽我们的知识面，增长见识。对于未知，我们别双手交叉抱臂，做出一副抵御、防备的姿态。

在便利的互联网时代，寻找公开课、论文、名人讲座轻而易举，我们要积极地参加一些高质量的同城主题活动，看完综艺节目、爆笑段子视频之后，也看看财经、文化类节目。

3. 给经历添加独家配方

我看演讲节目时，发现演讲不只是单纯的口才较量，更是娓娓道来背后那一串串鲜活的见闻和一段段独特的经历。他们获胜的筹码往往是那些不走寻常路的人生轨迹和独家感悟。你如果今天重复着昨天，过着比白开水还寡淡的日子，老了之后，想话一下当年都会缺乏素材。

我大学临近毕业时对外贸很感兴趣，于是风风火火地去义乌跨专业实习。在找实习单位时，一家企业想把我外派到委内瑞拉。这件事成了我返校之后的一部分谈资。后来，我在一家专为罗马尼亚提供外贸服务的公司实习，跟着客户学习了一些罗马尼亚语。这件事成了我返校后的另一部分谈资。

4. 少些八卦、苟且，多些“诗和远方”

你一旦沉溺于无休止的家长里短，热衷于荧幕上的狗血剧情和公司里的八卦绯闻，爱嚼舌根，喜欢抱怨，长吁短叹，爱卖惨，擅长传播小道消息，就很容易成为职场眼中钉、生活毒气罐。整天八卦、苟且和经常读书、旅行的姑娘相比，气质上的差别还是很明显的。

你可以报班学一门外语或一种乐器，去甜品店参加体验课程，和户外运动爱好者一起远足，周末到博物馆做讲解志愿者，丰富诗和远方的形式，把自己从琐碎的生活中解脱出来，给业余生活寻找一个有趣的支点。

5. 培养高段位的幽默感

喜剧行业资深从业者李新曾对幽默下过一个定义：“幽默就是从一个有趣的视角来讲述痛苦和真相。”平时喜欢看脱口秀节目的我渐渐发现，很多厉害的脱口秀演员都会把自己的弱点或糗事当成自己的喜剧素材。这让我惊讶于他们即使面对生活的戏弄，也有如此乐观的态度，敢于用自嘲的方式笑着说出自己曾经有过的难堪。

高段位的幽默感包含恰如其分的语气和肢体语言，以及对一件事表象之下的深刻洞察。具有高段位幽默感的人能够巧妙地揭示出一件事的矛盾和冲突，用令人意想不到的叙述方式展现出来，让人笑过之后还能产生思考。

6. 用个性标签提高辨识度

休闲自由人也好，优雅高冷风也罢，鲜明的个性和独特的风格能让你在人群中拥有很高的辨识度；而过分听话顺从、唯唯诺诺、逆来顺受，则会让你变成小透明。

你可以摄取一些小众、精致的精神食粮，以提高自己的辨识度。你要有自己的评判标准和主张倾向，在尊重他人的同时，也能阐述自己的观点。在别人真诚地向你征求意见时，你要避免高频使用“随便”“无所谓”“都听你的”等隐形人专用词汇。

7. 有趣是多元的，但也有雷区

我们不要用力过猛，因为那样会像刻意炫技、哗众取宠。就算你说再多天花乱坠的段子，做出特别夸张的肢体动作，如果拿别人的伤疤找乐子，你也很可能会成为别人眼中低级趣味的代名词。

你假如自身格局小、三观消极，还整天觉得自己是厄运存储器、资深倒霉蛋，必然无趣至极。人们总说“好看的皮囊千篇一律，有趣的灵魂万里挑一”，我不喜欢让好看的皮囊和有趣的灵魂相互对立。我觉得好看的皮囊和有趣的灵魂并不矛盾，也不冲突，它们都值得追求。

愿我们的皮囊越来越好看，灵魂越来越有趣。

每周读2本书的人生，到底有多赚

———

看了综艺节目《你说的都对》的第一集，我最深刻的观后感是，每周读2本书的人，活得就像人生开了外挂。

在一位嘉宾提到某位经济学家的名字和论文时，主持人蔡康永给他按灯加分，并且幽默地夸奖他：“你的阅读范围广泛到无聊的地步。”

阅读面和知识面有广度、有深度的人，大多都思维灵活、谈吐有料、自信豁达。其实对于读书这件事，每年读100本书，相当于每周读2本，我们只要肯努力，还是能做到的。

———

联合国教科文组织的一项调查显示，全世界每年阅读数量排名第一的是犹太人，平均每人每年读书64本。而第二十次全国阅读调查报告显示，2022年，我国成年公民人均纸质图书阅读量为4.78本，人均电子书阅读量为3.33本，远低于欧美发达国家。这组数据催促着有志青年们，“为国争光”的时候到了。

近3年来，我过着每周读2本书的人生。坚持每周读2本书，并不是学霸或精英的专利。像我们这种上班族，也能毫不费力地完成。

不常看书的人乍一听，就觉得自己做不到，但逐步将其内化为习惯后便会受益匪浅。我推荐“每周读2本书”有两个原因，一是读书很重要，二是频率完全适合大多数人。

———

读书是颜值提升器。

如果你觉得“腹有诗书气自华”听上去有点儿玄的话，微博上的“春灯公子”有更接地气的解释：“读书读得多就意味着出门少，不会被晒；读书读得多就意味着经常犯困，睡眠好；读书读得多还意味着没有机会谈虐心的恋爱，就不会因为心事太重而产生皱纹。”

读书是解忧杂货铺。

记得有一次我和老公吵完架后，我进书房，他去卧室，分头冷静。正在气头上的我看到手边有本敞开的书，顺手拿起来就看入迷了。

过了半个小时，老公找我求和，看到正在看书的我早已忘掉刚才的不快，他觉得自己不仅没看书，还白白多气了半个小时。

读书是自卑终结者。

我的一个初中同学，她爸赌钱输了，她妈妈跟别人跑了。有一天，她爸醉倒在街边，被发现时已经去世了。后来，她和爷爷奶奶一起生活。老师同学都担心她会变得内向、自卑，但她依然成绩名列前茅，活得阳光开朗。

读了很多人物传记和经典名著的她，并没有在原生家庭的阴影里钻牛角尖，而是转头扎进了精彩纷呈的生活中。

读书真的很重要，因为一本本书就像一节节脊椎，稳稳地支撑着读书的人。

台湾地区的文案天后李欣频每天都要读一本书。她说，“阅读是最大的资产，没有人可以拿得走。你每天看一本书，一年就能与别人有365本书的差距”。

她的身份随着阅读量的增加而增加，广告人、作家、教师、演讲者、主持人……读书不仅让她的事业飞升，还让她活得更开心了。

她的家里到处都是书，“浴缸边的书，是我在泡澡时陪我说话的情人；床边的书，是哄我入睡的心灵伴侣；电话边的书，是让我接到话多、无趣又无法打断的电话时，可以暂时让我的耳朵、脑袋放空”。

我也曾试着学她一天看一本书，但如果书厚、内容深、时间紧的话，我就会因为做不到而倍感压力。而且对我来说，看书看得太快容易囫囵吞枣，过目即忘。

后来，我慢慢摸索出自己的读书频率与效果之间的关系。考虑到自己业余时间才有空看书，看完还要梳理读书笔记，经探索与调试，我觉得每周读2本书最适合我。

我喜欢拿出早起的一两个小时或周末这种“成块”的时

间来读书，因为碎片化的时间让我感觉好像还没深潜就得浮出，有点儿进入不了读书的状态。

通常情况下，我在工作日可以不疾不徐地翻完一本书，周末抽出半天时间也能看完一本，时间充裕的话还可以多看一些。

———

作为一个每周读2本书的既得利益者，我和大家分享3点心得。

1. 每个月至少去一次图书馆

我高频地在微博上晒书，曾有读者问我，买书是笔不小的开支吧？

首先，我觉得一本书通常还没一杯咖啡贵；其次，我读的书，半数以上都是从图书馆借来的。我经常去的图书馆图书更新较快，图书证借书额度是10本，我每月至少会去一次。

我平时发现想读的书就会去图书馆官方微信公众号的

“馆藏查询”里找，如果图书馆里有这本书，我就会把查询页面截屏保存下来。

每次去图书馆前，我心里都会有一个大概的借阅计划。到了图书馆，我会先去找平时截屏保存的书，再去自己感兴趣的分类书架上挑别的书。

我先精选出10本书，然后自助办理借书手续，再将书放进图书消毒机里杀菌，最后把它们放进书包背回来慢慢看。到了还书日期，我会将看完的做好笔记后一起还掉，接着再借新书。

2. 争取读一本书就有一本书的收获

我读一本书时，会想象和这本书产生一定的连接感，做读书笔记就很有效。如果是买来的书，我会拿各色笔在书上写批注、画重点、记联想；如果是借来的书，我会在草稿本上简单记下内容提要和所在页码，方便读完以后做读书笔记。

除了做读书笔记，我还“不择手段”地创建连接感，比如遇到不同于作者的看法时，我的内心就会开展一场辩论赛；看到好玩有洞见的地方，我就会讲给老公听，并和他讨论一番；看完整本书后会翻回目录，尽量复述出书的主要内容和框架；看音乐家传记时会放他的歌曲，看建筑师传记时会搜他设计的建筑图；有时还会把书里介绍的方式或方法，有的放矢地应用到日常生活中。

读书时和读书后创建的连接感越多，读书的收获就越大。

3. 从每周读一本书开始

我的一个女同事，以前很少看书，失恋后，常来找我聊天，想让我开导开导她。我借给她几本情感类的书。她一开始不想看，后来无聊中翻着翻着就把书看完了。从那以后，她再也没让我开导过她。我猜她在书里找到了比我更懂感情问题的高手。

正如蔡康永所说："你去参加一个朋友的聚会，能够遇到一些厉害的人，但能够遇到讲话惊为天人的人的概率极低。可是，只要打开一本书，你就会立刻被他们吓到。阅读最大的乐趣就是你会读到厉害的世界，里头还有许多厉害的骨肉丰满的人。"

平时很少读书的人，不必一下子就要求自己每周读2本。

凡事讲究循序渐进，你可以先从解决自己困境的书切入，根据工作性质和时间安排，从每周一本甚至每月一本开始，慢慢确立每周最适合自己的阅读量。

你不必钻数字上的牛角尖，不必和其他人比较，任何进步对自己来说都意义重大。当读书的感受从有用转变为有趣后你就会发现，读书能给人带来内心的安宁、生活的激情和优质的独处时间。

远离浮躁，观照内心，你就可以获得一种更加高级的开心。每周读2本书不仅会让人生增长智慧，还会让人活得开心。

首先你要健康，其次都是其次

日本诗人伊藤比吕美曾在《闭经记》一书中这样描述更年期：“到了我这个年龄，化妆会被人说是妖怪，不化妆会被说成是老太婆。当然这是自嘲。我见人之前一定会化妆，因为我还没完全做好精神准备，要彻底当一个老太婆。虽然在别人看来，我可能早就是老太婆了。啊，不是可能，是一定。”

尽管她生动地描述了一个看似残酷的现实——衰老不可逆，可我一点儿也感受不到她因衰老而生的烦恼。在她身上，我看不到一点儿所谓“年龄焦虑”和“容貌焦虑”的影子，能看到的，只是她灵魂深处的乐观和风趣。这一切，都要归功于她的“易沉溺体质”。

在书中，你能看到，她一旦认准一件事，就会一直热烈而执着地坚持下去，直到厌倦。比如跳尊巴、练书法、练坐禅、玩数独游戏，甚至翻译佛经……她说：“我这辈子一直是沉溺式的活法。因为沉溺，我也掌握了爬上岸的本事——只要重新选个沉溺之处，把贪执分散开就好了。”

透过文字，我能看到她神采奕奕、满怀兴致地把每一天都过得缤纷多彩的样子，却看不到生活对她的灵魂造成的一点儿摧折。

或许因为现在能让人沉溺的载体越来越多了，所以“易沉溺体质”在人群中变得越来越常见。就像我爸，这两年来，我发现从前一向寡言的他变得有趣许多，还经常给我讲他看到的有意思的短视频，逗得我哈哈大笑。

公司新来的同事是一个1998年出生的男生，他给人的第一印象是有点儿闷，不太爱说话。但某天办公室里有人聊起电竞时，他竟听得两眼冒光，随即跟着滔滔不绝地讨论起来，表现得极为兴奋。

其实只要我们不“走火入魔”，“沉溺式”的活法确实会让人变得更有趣，也会让人生变得更丰富。不过我认为，女性要想真正地变得更好，只是做一个灵魂有趣的人并不够，还要有一个健康的身体作为支撑。因为在健康的身体面前，其他事物都只是“皮之不存，毛将焉附”的存在。

我的身体使命重大，我有太多需要仰赖健康的身体才能达成的心愿。为此，我每日不间断地养护自己的身体，不为悦人，只为悦己。

养兵千日，用兵一时。我的身体，就是我的兵。

如今，我坚信：灵魂有趣加身体健康，才是一个女人的“王炸”。

当今社会，不健康和亚健康的人都不少。在高龄人群中，“三高”者已成了“基本款”，而年轻人也各有各的“款”。

微博有这样一个热搜话题：年轻人的体检报告。话题之下，我们能看到当代年轻人的身体状况：高度近视、体重超标、骨密度低、鼻炎、甲状腺结节、颈椎病、腰椎间盘突出、脂肪肝、胃溃疡、痔疮、乳腺增生、肾结石……

我中了3个，你呢？

再看看我身边那些活生生的样本。

我的老公，在不到30岁时就有腰椎间盘突出，犯起病来，连走路都直不起腰。悲催的是，有一次，他告诉我，腰再疼都比不上抱不动女儿的“心疼”。

我那位出生于1998年的新同事，在某天午饭后差点儿晕倒。同事们急忙送他去医院，结果见他被诊断为肾结石。而后他做了个微创手术，“一战成名”——现在全公司都知道他得过肾结石，见面打完招呼一定会顺带着嘱咐他多喝水。

我的好友，为了减肥坚持跑步，却一不小心伤到了膝关节半月板，现在连走路都费劲。前阵子她家因为女儿上小学，要换另一个位置的房子。原本她想选择五楼，最后因为自己的膝盖不好、腿脚不便，只能选择多花20万元买下可以少爬一层的四楼。

我环顾了自己的朋友一圈后，不禁感慨：身体健康的人真是万里挑一呀。

同事们常夸我体力充足、精力充沛，老公也常对我说“全家感冒，就你没事”。

实不相瞒，其实我也掉头发、贫血、失眠，连二尖瓣都“关不紧”。虽然如此，但我觉得我的身体机能仍然优于标准指标。

在我看来，我35岁时的身体比30岁时好，30岁时的身体又比25岁时好。我读中学时，跑个800米都能昏倒在跑道上；读大学时，更是反复生病。那时候听医生说，我是“重度贫血”，结果我听成了“中度贫血”，医生不得不强调是“重度”；二十五六岁的时候，我在深圳工作，每天晚上8点多才回到家，经常累到一头栽到沙发里就能睡着，再到半夜十一二点醒来后去刷牙洗脸。

我极度厌恶病恹恹的感觉，尤其在我妈患癌后，我害怕自己也难逃此劫。我有太多事情想做，有太多风景想看，所以我必须照顾好自己的身体。

我竭尽全力追求健康又有活力状态的身体，因为它是我实现所有心愿的阶梯。

为了让我的身体健康，我不辞辛劳。

1. 为身体“建档”

我以前做过单证工作，就是为每份贸易委托合同建档，检查档案里的所有相关资料，确认无缺项后编号存档。

受这段工作经历影响，我连家里装修都要建档，采用的就是我在义乌实习时看到的罗马尼亚客户采购商品所用的方法。他们会准备一个软抄笔记本，写上采购品的品名、数量、送货时间等信息，并索要店家名片，再用订书机把名片订在记录页的背面。后来有一次家里的吸顶灯掉了，我很快就找到了装修档案，查询并联系到商家，最终获得了补偿。

我对工作和装修的档案记录都这么用心，对自己身体的档案记录就更加用心了。我用一个A3纸大小的笔记本为我的身体“建档”，在上面标清年份，把自己每次就医后的医嘱、每年体检的异常项目都记录在这个笔记本上，再把体检明细、检查报告装在袋子里放好。

2. 听医生的话

我发现，很多人都不重视医嘱。我在孕晚期出现体重增加过快的情况，被医生告知，如果我想顺产，饮食安排就得按照糖尿病患者的标准来制订计划，但婆婆和同事都劝我想吃就吃，别亏待自己。思索再三，我觉得还是要听医生的话。毕竟医生学医学了好些年，又有几年临床行医的经历，我是排了队、付了钱才听到她的医嘱的，所以一定要听她的话。后来的事实证明，我是对的。

很多人不顾自己身体的现状，盲目跟着各种视频或文章学习美白、运动和控制卡路里摄入的方法。他们也不管自己血糖高不高，就觉得喝粥养胃；不管自己血压高不高，早起就喝杯淡盐水。

当然，我也走过弯路。我平时不太爱喝水，也不怎么吃水果，但见好多网络博主和专家都会提醒人们要多喝水、多吃水果。为此，我曾一度一天定8个闹钟提醒自己喝水、吃水果。

直到查出我有“二尖瓣中度反流”后，我把北京阜外医院和我们当地三甲医院的医生给我的医嘱结合起来看才发现，加重心脏负担的因素包括：作息不规律、劳累、情绪激动、病毒感染、吃得过饱等；饮水量过大，摄入过多含水量丰富的食物；体重在短期内迅速增加。

由此可见，连多喝水、多吃水果都不是放诸四海而皆准的建议，更何况其他。现在的我已把医嘱倒背如流，并付诸行动。我以前动不动就吃十分饱，现在基本吃六七分饱就会自觉放下筷子；以前觉得自己体重正常，完全不想减肥，现在却能管住嘴、迈开腿，轻轻松松就瘦了3斤。估计因为我的心脏的负荷减轻了，所以我现在整个人都感到轻盈舒适。

我们要记住，能救我们的是医生，不是白马王子。

3. 做自己的“小白鼠”

不论是医院检查出的症状，还是在日常生活中发现的健康问题，我都会高度重视，并认真查阅资料，把我在生活中可以注意的事项、改变的习惯都一一记录下来。一旦有时间、有条件，我就会去尝试。就算没时间、没条件，我创造机会也要尝试。

比如，为了改善我贫血的状况，我试过很多补血的方法。对于我的身体来说，红枣效果不显著，阿胶让我上火发炎，而补铁是最快的能让我的血红蛋白值抵达正常区间的途径。

再比如，我的失眠问题。大学毕业前后，我有一段时间经常失眠，生孩子前后又出现失眠的状况。我将饮食、作息、运动、泡脚、按摩穴位等不同的调理方式以不同的组合进行搭配，去探索最适合自己的改善睡眠问题的方式。甚至连听什么声音更有助于入眠，我都恨不得为自己总结出一个攻略。我从电子书、白噪声、阿尔法音乐、催眠故事等方式中随机选择，在锁定电子书后，反复实验，终于见到效果。

我完全把自己当成实验室的“小白鼠”，而且比我在学生时代做实验的时候负责任多了。我对自己做的实验，一定是在安全范围内的，而不是神农尝百草，更不是随便拿自己开刀。

靠这三步走，现在我终于把自己的身体调理得越来越健康了。

你可能只是看上去很自律

正确的自律，刷新身材标准

某天下暴雨，下班后我踩着水坑去报名参加练瑜伽。

当时有位从北京总部过来的名师上瑜伽课，课程被抢报得十分火爆。我没抢到名额，却仍不死心地排队争取。功夫不负有心人，由于有人因雨大没去上课，我最终于当天下午收到了上课通知。

老师一进门，还没说话身体就已发言——肩背平整，身材匀称，根本没有斜方肌、“富贵包”、赘肉存在的余地。

我忍不住盯着老师看：从她优美的天鹅颈到修长的筷子腿，全身上下无一处不在告诉我：只有长期正确地运动，才能拥有如此完美的身材。

老师开始上课，她一开口就把我征服了——来自身体深处的声音中气十足。看来瑜伽的腹式呼吸已然贯穿于她的声音。从别人身体深处的声音中，我们很容易听到自身深处的声音。虽然屋外下着暴雨，屋内也十分拥挤，但我的内心却充满了平静和喜悦。

虽然她的课程讲的是瑜伽基础的入门体式，但整节课都在被督促用小脚趾发力的我，却体验到了无与伦比的畅快感。而当天的畅快感又变成了隔天的酸爽感，且持续数日。同样持续数日的还有我对老师的好奇：她究竟有多热爱瑜伽，才会把自己的身体交给它？

她的声音、体态、气质，无不体现着她本人与瑜伽的"作用力"和"反作用力"。但我相信，如果她只是一味地坚持练习瑜伽，不对错误的姿势进行纠正，那么运动中细微的偏差经时间积累，不可能塑造出她现在这般让人艳羡的身材。

只有坚持和热爱，不足以让人日趋完美。真正厉害的人，懂得用对的方式付出努力。

正确的自律，刷新身体极限

苏炳添在32岁时给网友们写了一封信：你依然可以“飞”起来。

这封信是我收藏夹的镇“夹”之宝。他在信中写道，在2017年全运会前，他打算在这次比赛中拿到金牌后就结束运动生涯。然而事与愿违，在他意外痛失金牌后，新婚妻子明白他的不甘，便取消了蜜月旅行。于是苏炳添重回训练场，幸运地遇到了教练兰迪·亨廷顿。通过有针对性的训练，苏炳添的肌群力量得到增强，脚踝刚性不足的状况得以改善，也解决了起跑姿势不合理、起步步长偏小、扒地技术不成熟、全程呼吸速度和节奏不佳等问题。不仅如此，亨廷顿教练还帮他建立了强大的信念：你有进入奥运会“百米飞人”决赛的潜能。

2021年8月1日，在东京奥林匹克体育场上，苏炳添跑出了9秒83的好成绩。苏炳添在信中写道：“老运动员更成熟的技术和常年在赛场上积累下来的经验，有时会比年轻的身体更有优势。”

通过苏炳添这件事来看，我们若把年龄当作问题，就是自己给自己设限。我之所以经常翻看这封信，是因为觉得正确的自律一定能改变心态和方法，最终带来超越和成功。

36岁的我面临几件要事：一是育儿，我希望女儿当下少些身心烦恼，未来没有经济之忧；二是工作，我要在社会大生产体系中发挥我的效用；三是写作，我要用兼职的时间做出全职的效果。

人们总说女人不需要取悦谁、讨好谁，但我想，我一直在试图取悦和讨好的，是我的身体。我越长大越懂得了一个道理，就是你要做什么事情，最需要做的就是先和你的身体好好“商量”：只有身体支持你，你才能获得准许资格；如果身体不支持你，你就继续取悦它和讨好它。

正确的自律，洗刷“职业病”

我开始写作后，经常研究两位作家的写作之道：一位是唐家三少，另一位是村上春树。

在一期《朗读者》中，董卿采访了唐家三少。他说他保持作品日更已经14年了，且每天能写8000字。新婚之夜，他在写；妻子生娃，他在写；发烧生病，他还在写。他说：“我能写14年，不只是因为坚持，更是因为热爱。”这份坚持和热爱，让董卿连说了三个“最”：最勤奋、最高产、最富有。

看到这里时，我本来挺羡慕他的。但后来唐家三少说，他的颈椎和腰椎已经有了严重问题，根本没办法“掰头”。于是，我对他的羡慕变成了反思。

村上春树在《当我谈跑步时我谈些什么》一书中，讲了他通过跑步不仅悟出一个小说家的真实，锻炼了一个小说家的身体、培养了精神和磨炼了意志，还提升了一个人做人的境界。

《且听风吟》获奖后，由于长期伏案写作，村上春树的体重开始增加，体力也不断下降。因为写作需要精力高度集中，所以他时常靠抽烟提神，给自己的健康埋下了隐患。村上春树意识到，没有健康的身体，写作是不可能长久的。

于是，村上春树从1982年的秋天开始跑步，已经坚持了40多年。他说自己在街头跑步时，一眼就能分辨出其他长跑者谁是新手，谁是老手。“呼哧呼哧地短促喘气的，是新手；呼吸安静而匀称的，则是老手。他们心跳徐缓，一面沉湎于思考之中，一面铭刻下时间的痕迹……当你不顾一切地坚持跑完，便觉得仿佛所有的东西都从躯体最深处挤榨了出来，一种类似自暴自弃的爽快感油然而生。”

村上春树每周要跑60公里。这让他慢慢变得身体健硕、精力充沛，并且成功帮助他戒了烟。村上春树认为，写作是十分孤独的职业。这份孤独虽然催生灵感，但容易摧毁生活。他通过跑步排解过多的孤独感，让身心处于健康平衡的状态。每当他因为某件事心情不佳、焦躁郁闷时，他就会比平时跑得更久一些，以消耗更多的体力。在跑步的过程中，随着体力逐渐消耗，村上春树会先把自己的情绪默默吞咽下去，再把自己的所思所想融入小说中，从而将吞咽下的情绪释放出来。在这情绪的一进一出间，生活的烦恼随之消散。

我提到的这两位作家，他们有着同样的天赋——热爱和坚持，但身体素质相差甚远。

最近，我父母来帮我们带孩子。我发现妈妈的身体越来越好了。闲谈中，她说长期的教师工作让她落下了不少职业病，比如颈椎病，尤其当颈椎压迫到神经后，还引发了高血压。退休后，她注重饮食、锻炼身体、娱悦身心，身体越来越好了。她告诫我：“千万不要以职业病为荣。”尽管有些职业会让人沉淀一些迷人的特质，但真正有智慧的人，只会把好的气质、知识、技能沉淀下来，而把职业病这种“烂菜叶”扔掉。

——

正确的自律，克服惰性

作家王潇曾这样描述“鱼鳔”大叔们：“该群体全身最大围度都在滚圆下坠的腹部，整个人像一枚无力软绵中部鼓胀的鱼鳔。”她说：“相对于‘外貌协会’，我也许更是一个身体主义者……我的心让我深沉地、持续地喜欢着那些岁月流逝后依然保有轮廓美好清晰的身体的人们。”

我也曾有“鱼鳔”阶段：中学时，我以为我的家人都不胖，所以我没肥胖基因，无论怎么吃都不会胖。那时我下课吃零食，回家吃正餐，晚上吃夜宵。可是，我很快就发胖了。但我真正介意的不是胖，而是自己跑800米时晕倒、上楼气喘吁吁的虚弱身体。

其实，人的生长本来就是“熵增”的，不想要的元素总会越来越多，比如皱纹、脂肪、斑点、白发。而人的成长，是反“熵增”，甚至是“熵减”的。要想让“熵增”减缓，人就需要克服与生俱来的惰性。

紧实的腹部，背后是日复一日的低油少盐饮食加卷腹训练；上翘的臀型，背后是无数深蹲后踢和桥式箭步训练；悦目的颜值，背后是健康饮食和规律作息。

我最新的座右铭是：克服惰性，改变命运。

健康科学、张弛有度的生活方式就像烟花，需要经过一段时间的升空，才会绚烂绽放。而随波逐流、及时行乐的生活方式就像摔炮，快感与诱惑兼具，但是短暂响一下就会变成空壳。

坚持练瑜伽3年，让人脱胎换骨

我曾看到读者群里有人抛出一个话题：大家有坚持做了3年的事情吗？

瑜伽。我掐指一算，自己不知不觉已经坚持练习瑜伽3年了。回顾我的瑜伽练习史，它可以分为3个阶段。

第一阶段：自学阶段

我是一个每天醒来就充满干劲的人，历来喜欢跑步、打球甚至甩战绳等偏剧烈的运动。

3年前，我第一次怀孕，可是最后却莫名其妙地流产了，我怀疑这可能和自己的运动强度太大有关。于是，我就开启了瑜伽自学阶段，主要是平复心情，做些简单的拉伸。当时我养成了一个小习惯：睡前打开健身软件，练习26分钟放松瑜伽。

第二阶段：孕产瑜伽

我第二次怀孕后，在孕早期反应很大，体重骤降，状态变差。熬到中期后，孕反症状减轻，我迫不及待想重回运动的怀抱。产检结果出来后，我问医生自己能否练孕期瑜伽，医生说没问题。于是在我怀孕第14周时，我开始正式练习孕期瑜伽。

孕期瑜伽，呼吸基本是鼻吸口呼，重点是盆底肌训练，体式较少，基本围绕着手臂、肩背和臀腿，但并不单调，因为辅具多变，有瑜伽砖、瑜伽球、毛毯、椅子、弹力带等，每节课都有新鲜感。

周末的两次瑜伽课，可以唤醒我一整周的良好状态。每次运动量不算小，我记得有个双腿夹砖、背靠墙壁、双腿下蹲的地狱动作，据说是模拟分娩，能缩减第二产程。有次上夫妻瑜伽课，我老公练习了这个动作，也觉得很累。我一直到怀孕37周足月后才暂停瑜伽练习。我顺产无侧切，生完也有劲儿，没遭遇子宫脱垂、漏尿等状况。

我去做产后盆底肌检查，结果不太理想，于是我接着报名产后瑜伽。前几节课我就是躺着、跪着、趴着练盆底肌，听着口令，花样收放，闭上眼，想象肚子上有根拉链，一点点收紧并保持。后来还有空中课和墙绳课，我虽然上课稍显吃力，但我就这么坚持练习到孩子满1岁。

第三阶段：综合瑜伽

产后一年，我体能恢复很快，就继续去综合瑜伽馆练习瑜伽。我发现和孕产瑜伽不一样的地方在于呼吸和体式，我的呼吸常被老师纠正：除了练核心肌群时用鼻吸口呼（呼气发嘘音），其他时候尽量用鼻吸鼻呼。

综合瑜伽馆类别很花哨，包含哈他瑜伽、阴瑜伽、流瑜伽、阿斯汤加瑜伽、塑形瑜伽。我好奇地都尝试了一遍，然后根据自己的时间和状态来选课。

现阶段我还是喜欢练习塑形瑜伽。每次调息和唱诵后，我以山式—板式—四柱—上犬—下犬的顺序开始做基础串联，由此进入其他体式，如站式二、站式一。

练着练着我开始对瑜伽上瘾，为了上节早课再上班，或下班练完赶紧回家，我经常打车，导致我交通开销变大。

说完我的瑜伽练习史，我想总结一下瑜伽带给我的改变。

1. 体态

多年前，我决定用10年时间改变不良体态，因此学形体，练瑜伽。原本瑜伽课结束后我给自己安排的课是成人芭蕾，但由于孕产期见识到练习瑜伽的效果和魅力，我打算再练至少一年。

我确实觉得自己体态好了很多，明显改善了不自觉扣肩、无意识驼背的状况。坐、卧、躺的时候，我只要心中空闲，就会回想坐、卧、躺的正位状态。

2. 塑形

有一天，我和办公室一位练习了十几年瑜伽的同事聊天。她在公司附近上课，每天午休都去，风雨无阻。她40多岁，生过2个孩子，饮食口味虽重，但身材和状态都很好。

那天，她说坚持练习瑜伽带给她最大的改变是塑形。当她告诉我她的体重时，我惊呼完全看不出来。她坚持练习瑜伽，不仅把她的肌肉锻炼得紧实且线条修长，还让她的O形腿变得不再明显。

而我自己因为生完孩子腰部较松，所以喜欢选择腰腹、肩背等重点部位或全身的塑形课程。现在，我的侧腰赘肉基本消失，小腹和手臂也强健很多。我老公以前常对我说，他们方言中有“囊囊膪”的说法，形容的就是像我这种松软的肉质，但这几年他基本没再提过。

3. 心态

每次上完瑜伽课，我心里的褶皱就会被抚平。

年纪越大，我越感受到坚持练习瑜伽的益处，尤其是心态方面。进入瑜伽馆这个结界，我先切断外界，再寻回自我。我发现很多瑜伽口令很玄妙、很有哲学意味——把呼吸带到后背、让声音从眉心发出、关闭你的意识、感恩身边人的能量分享……看似没逻辑吧！可我现在也能体会到口令的妙处。我会忘掉很多事，清空大脑，专心听口令，关注自己的呼吸。我在吸气时给身体创造空间，呼气时进一步加深体式。减少杂念，对我而言是极佳的休息。

———

练习瑜伽3年，我改变了很多，从筋到骨，从形象到气质，从里到外都有所改变。

我觉得瑜伽虽然是种值得宣传的运动，但不能过度吹捧。很多女性明星都在练瑜伽，她们都收获了好身材和好状态，而你可能会收获伤病。有种“瑜伽病”，就是练习者勉强自己完成暂时做不了的体式，最终导致肌肉拉伤、关节错位或关节炎。

我们在自学时，最好以呼吸、冥想、放松为主，不要一个人练到身体打结。在自己核心和四肢肌肉力量不够的情况下，我们千万别拿肩颈当支点。

上课时，在老师掰疼你那一刻，你一定要直接拒绝，不要不好意思。

给我印象最好的老师，一定体态良好、四肢肌肉有型、声音中气十足。好老师还会提醒你发力部位、提醒你保护自己，比如关节不要锁死、虎口压实地板、不要憋气……好的老师，一定会帮你调整容易受伤的动作，而不是“帮”你完成你做不到的高难度动作。

3年下来，我感谢练习瑜伽对我的帮助。在很多次课上，我都会偷瞄教室后方的时钟，因为觉得练习得有点儿辛苦。可我知道，练习瑜伽帮我避免了太多痛苦。

我们若不想自己痛苦，就得稍微辛苦自己。这是坚持练习了3年瑜伽告诉我的道理。

白天脚踏实地，晚上“觉”踏实地

我张罗密集养生已经有段时间了。我为脸配了面霜、美容卡；为头发配了生发精华、养发卡；为脚配了泡脚精油球、足部按摩仪；为腰背配了中药手锤、背部按摩仪、艾灸贴；为嘴巴配了核桃、芝麻丸；为身体配了智能手表、瑜伽卡……

一两个月后，我明显发现自己皮肤变好了，气色红润了，头发多了，大脑灵活了，体重轻了，心情好了……

论功行赏，谁功劳最大？

答案：睡觉。

1. 睡个好觉，既省钱又省事

最近两个月，我几乎每天在晚上9点多就睡觉，并且差不多睡够8个小时。

我每天用智能手表监测自己的睡眠情况，把睡眠“大盘”盯得很紧，紧到连股市操盘手见到都得夸我敬业。

每天夜间的睡眠时间和白天的零星睡眠时间我都记录下来，精确到分钟，连深睡、浅睡、快速眼动的时间也不放过。我还会记录深睡比例、浅睡比例、快速眼动比例、深睡连续性、清醒次数、呼吸质量等数据。

如果与昨天相比数据有所提升，我就找找当天有哪些正向行为，以后逐渐强化；如果数据有所下降，我就找找当天有哪些负向行为，以后逐渐减少。

自从戴上智能手表，我相当看重自己的睡眠分数超过了多少人，因为这个数据与我当天的心情指数、助眠准备相关，可谓牵一发而动全身。每天最开心的事就是我的睡眠质量综合分数排名提升了。

电脑的开机速度打败了多少人，那是电脑牛；孩子的成绩排名超越了多少人，那是孩子牛；而我的睡眠质量排名超过了多少人，那才是我牛。

人在睡不好时，对自己最有亏欠感，总想拿钱补偿自己，但终会发现钱也无法弥补已经缺失的睡眠。又忙又累的时候，一些产品和服务确实能让自己好过一会儿、放松一下，但其持续时间和效果完全无法跟良好的睡眠相提并论。

产品和服务是“花”，睡觉是“锦”。没有锦，花根本没地方去添。

演员李美琪（Maggie Q）曾说：“晚上9点睡、早上5点起，当你醒来时，你会感到神清气爽，不会有像痛苦、偏执、绝望、愤怒、沮丧等情绪。这些情绪都是因为晚上没有睡个好觉产生的。”

对此，我深有同感。以前我在车上看手机会头晕，最近不得不在车上处理工作时，发现做完手头的活儿后也没有不适感。以前我每个月都会偏头痛一两次，近两个月头不但没痛过，大脑也不会累到产生“CPU”烧焦的感觉。以前我总感觉眼睛肿胀，现在感觉眼睛也不肿了。

我现在体重减轻了，因为身体在睡觉时会分泌一种叫“瘦素”的激素，能够加速脂肪分解。我现在心情很好，感觉自己更活泼、阳光、开朗，爱好多了，焦虑少了。

2. 睡个好觉，再难也不放弃

一个叫《11点睡吧》的综艺节目提出了“睡吧118”的口

号，意思就是晚上11点睡觉、睡够8小时、争取活到118岁。很多明星来参加直播睡觉比赛，他们穿着睡衣，戴着监测设备——有人快速入睡，有人辗转难眠……

虽然成年人在睡觉方面没有“容易”二字——工作压力、烦心事、手机诱惑、孩子哭闹……但成年人的字典里也不应有“放弃”二字。

演员吴宣仪曾因拍戏产生睡眠焦虑，她睡前会用DIY手机壳来排解压力；演员袁弘会研究各种入睡妙招，比如用安神的沉香或听助眠的音频节目（从郭德纲的相声到庄子、王阳明的哲学著作），他说这样“非常好睡”；黄子韬曾经只要在睡前看到手机上的工作消息，就会睡意全无，直到身体吃不消后，睡前就把手机切换成飞行模式。他说：“不带烦恼睡觉，才能事半功倍。”

成年人各有各的苦衷，各有各的问题，我们只能调整心态，找寻适合自己的解决方法。

3. 睡个好觉，需要对症下药

你如果给自己的睡眠质量打分不高，请找出主要原因，然后单点突破、对症下药。

我现在睡眠质量上不去的主要原因是孩子。在孩子3岁前，我的目标是每天睡够8小时。其实8小时只是一个平均数，不是硬指标。睡眠睡的是周期，90分钟算一个周期。我们如果每周睡够35个完整周期，就算拥有非常优秀的睡眠了。

但有娃的人是无法控制孩子夜里几点起来喝奶、几点醒来大哭、几点翻身哼唧的，有时甚至见孩子睡得香沉，自己还会担心地起身摸摸孩子的呼吸。

有娃的人也没什么好纠结的睡眠规范，睡6个小时还是9个小时，睡觉仰卧还是侧卧……都无所谓，我们只能尽可能地多睡，只要想睡且有时间睡就能快速入睡，即堪称“王者”。

我是早起者，过去15年基本在晚上10点30分左右就睡觉，早上5点30分左右起床。早起让我在工作和生活之余开辟了一个静谧与激情并重的写作分身，看书、写书、出书，实现自己的小梦想。

以前的我，睡眠时间虽不算长，但质量上乘，只要一碰枕头，不到2分钟我就睡着了，风雨雷电都不能将我吵醒。醒来以后我总是精神焕发，大脑转得飞快，整天精力充沛。

但生完孩子后，我遭遇了睡眠路上的“拦路虎”——我女儿。孩子的睡眠毫无规律可循，让人捉摸不定。有时候她能一觉睡到天亮，有时候她夜醒数次，让我的睡眠渐渐变得随机化、碎片化、低质化。尤其年初在她生病时，我和她爸一周都没睡好。那段时间，除了睡个好觉，我别无他求。

为了睡个好觉，我做了很多努力。虽然睡眠质量我无法保证，但我要先把时长睡够。晚上9点左右，我把女儿放到婴儿床，我睡在大床上，用智能音箱以10%的音量重复播放女儿的助眠神曲《三只小熊》。这种歌词听不懂、旋律轻快简单且短周期循环的声音对我的助眠效果也非常好。我和孩子一起早睡，坚决不搞把孩子哄睡着后自己再起来玩儿那一套。

曾经我觉得一天上班、带娃真的很累，所以想有自己的任性时间，俗称“报复性熬夜”。我在睡前总要来遍“手机景点旅游”——微博、豆瓣、小红书、B站、抖音……于是，我总是睡得很晚，夜里又被孩子弄醒，第二天就会有气无力、情绪低沉、效率变低、记忆力变差、创意力下降。

其实哪有什么“报复性熬夜”？只有“报应式熬夜”！

我现在尽量把白天的时间安排得科学且紧凑，保证女儿晒太阳、做运动的时间，睡前把女儿的精力耗尽、肚子喂饱。我见缝插针地节约时间：下车前找好钥匙、接电话快速讲完、走路走得飞快……这不禁让人怀疑，我是不是要赶着去投胎。殊不知，我只是赶着要去睡觉。

现在最困扰我的问题，是一旦我夜间醒来就会深睡不足、浅睡超额。我好像暂时无计可施，只能着重研究被孩子弄醒后，自己该如何快速入睡。我目前的心得是：马上起身去拿手机和耳机，试试助眠音乐和听过很多遍的小说。反正我就硬睡，一直到睡着为止。

我坚信：有志者，事竟成。睡觉也一样。

至于睡觉观，我不喜欢教条主义。比如，晚上9点到11点是免疫系统排毒时间，应保持安静；晚上11点到凌晨1点是肝脏排毒时间，应进入睡眠状态；凌晨1点到3点是脊柱造血时间，应处于熟睡状态。虽然身体的运行规律或许的确如此，但我们如果强制遵循它去安排睡眠时间，就会给自己带来

压力。

我更不喜欢“恐吓主义”的睡觉观。比如，“微博”热搜上的“‘90后’姑娘熬夜10年长出老年斑”；“小红书”上的“女孩连熬两夜，在朋友生日宴上晕倒”……在我心中，恐惧不一定催生行动力。

睡觉是万分美好的事，它是一个渡口，能把你从丧气渡到充满元气，从疲劳渡到兴奋，从失望渡到希望。

三毛说：“今日的事情，尽心、尽意、尽力去做了，无论成绩如何，都应该高高兴兴地上床恬睡。”

美好人生，就是白天脚踏实地，晚上“觉”踏实地。

第三章 /

清醒的女生，通透的活法

保持身材苗条，不是服“美役”，不是取悦谁，更不是柔弱到要激起异性的保护欲，而是努力追求匀称紧实又体力充沛的身体；适当“神经大条”，不是低情商，不是粗线条，更不是故意揣着明白装糊涂，而是拒绝被别人操纵情绪。

别让内耗轻易超标

这两年，我发现自己真的太容易内耗了，行业洗牌、赚钱不易、初为人母……在内外交困中，我也成了一名“内耗大户”。

我着实取得过一些“成绩”：全国“胡思乱想大赛”前五名、世界“爱生闷气锦标赛”十连冠、“中央戏精学院”优秀毕业生、国家著名“自我打击乐队”队长、“想得多做得少协会”荣誉会长……我啥也没干却天天烦，没做什么却累够呛，每周总有好几天过得“生无可恋”，眼睁睁地看着日子一天天废掉，出师未捷身先内耗死。

我也明白，自己以后的日子还长，不能一直这样“废”下去。于是，我端正态度，开始了我的反内耗行动：练瑜伽、做冥想、做手账、抄经书、打卡“走出内耗的7个习惯”、遵从“停止内耗的9条建议”、尝试声称“能治好精神内耗”的方法……

有些内耗我用了1小时治好，但只坚持了1分钟就复发了；有些内耗我拒绝了它100次，它却主动找了我101次；有些停止内耗的建议很反人性，我连内耗都斗不过，还得斗人性。反反复复中，我的内耗非但没有停止，甚至追求停止内耗的行为反而给我造成了新的内耗，让我更感心累和挫败。

我曾看到过一个观点：人的大脑每天都会产生5万～7万个想法。如果真的是这样，那么即使每个想法只有一个字，大脑每天也快能出一本书了。

科学显示，一个人就算啥也不干时大脑也仍在空转——这种默认模式消耗着我们人体20%左右的能量。这些研究让我释怀——原来那些使我内耗的想法根本不是我想停止就能停止，想拒绝就能拒绝，想远离就能远离的。

某天，我和一位从事加工贸易工作的朋友聊天，她说自己每天的工作就是审核加工贸易手册。如果进口料件和出口成品对应的单耗（指加工贸易企业在正常加工条件下加工单位成品所耗用的料件量）超标，就会触发系统的风险提示，那么她就需要细抠每一个生产环节的有形损耗和无形损耗、出成率和损耗率，并找出原因，然后退单，让对方检查数据、自查工艺，再重新申报。

我边听边得到启发：每个环节都可以导致内耗，只要加起来别超标就行；但如果内耗真的“超标”了，就要果断进行自我调整。就像罗翔老师所说：“只要人生存在，就一定会有内耗，关键是内耗得在一个合理的区间内。”

一旦我接受了“有内耗，不丢人”“有内耗，很正常”这个设定以后，内耗就会“触顶”下降。我甚至理解了作家余华的观点：精神内耗不是一件坏事，在某种程度上，它是人在寻找出口。

在我和内耗斗智斗勇的两年中，我也会往好处想，告诉自己“意识到内耗”其实是一种自我关怀，是光照进来的那条缝，它可能会让我的人生迎来突破。而我确实也看到了一些积极的个案：有人在工作中特别内耗，煎熬了一段时间后选择辞职，后来却找到了自己喜欢的工作。我发现，我不必拼命追求内耗“清零”，轻微内耗的生活也能让自己活得不错，说不定还能活得更好。

———

既然内耗停不下来，甚至在某种意义上还具备某些好处，那么我们朝着“别让内耗轻易超标，超标后也有办法降低内耗”的方向前进即可。我们尽量去过低内耗的轻盈人生，选择顺应天性又轻松高效的方式生活，让自己感觉玩着闹着、说着笑着就能降低内耗。

关于低内耗生活，我分享3条建议，请各位笑纳。

1. 低内耗的人，经常花10秒钟内化积极体验

很多人可能跟我一样：出门晚了，如果赶上公交，我只会庆幸一会儿；如果错过公交，我就会郁闷很久。一天发生了20件好事，但只要自己犯了1个错误，我在睡觉前最可能反

复回想的就是那个错误。坏消息少，但获得的注意力高；好消息多，却经常被人视而不见。因为我们的大脑总是倾向于“记坏不记好”。

神经心理学家里克·汉森提出：让大脑容易看见好消息，花10秒左右的时间，把好消息变成内在的好体验，安装到大脑中。

拥有（Have）一个积极体验，丰富（Enrich）它的内涵，把它吸收（Absorb）到体内，将积极体验和消极体验综合（Link）起来，使积极影响抵消甚至取代消极影响。把这4个步骤的单词首字母连起来，就是“自我治愈”（HEAL）。这是我试过的耗时最短、难度最低、最易坚持的方法。

生活中的一道美食、一缕清风、一股花香，都可以让你驻足停留，集中注意力，打开五感，把好的体验维持得更久一点儿。这样日积月累，会使大脑神经得到持续的刺激，我实际上是把幸福种进了大脑里，把积极的精神状态转化成了积极的神经回路。积极发现好消息，努力将其变成好感受，刻意练习，内化积极感受，把大脑硬件升级成低内耗模式——我们一起行动起来吧！

2. 低内耗的人，懂得将内耗量化

有一天刚上班，我拿着水壶从茶水间接完水回办公室。在走廊上，我遇到了领导，他说正好想要跟我沟通业务工作。于是我说水壶太沉了，等我把水壶放回去马上去找他。

临近下班，我去清洗空水壶，在走廊上遇到一位同事。她跟我聊了10分钟，因为水壶不重，我就边提着水壶边跟她聊天，但我渐渐感到手腕开始酸起来。

戏剧性的对比给了我一个启示：水壶很重时，我会赶紧放下，所以手腕不会有任何不适；而水壶很轻时，我就一直提着，最后使自己很累。量化内耗，除了考虑内耗程度，还得考虑持续时间。

在职场综艺节目《跃上高阶职场》里，有一集讨论到工作压力大时我们该如何排解。嘉宾杨天真介绍了自己的“祥林嫂自愈法”：看不惯谁，就一直吐槽；说久后，发现没劲；说累了，翻篇吧。

有段时间，我总为一件破事胡思乱想。后来我对自己说：“好，我今天跟你拼了！”于是我要么选择写下来，给自己布置作业，把这件破事写整整10页。写着写着，我就开始写车轱辘话，写到第三页，手指就开始发紧，然后觉得好累，索性就不写了。要么我会找人聊天，如果找不到人的话，就用较大音量跟智能音箱或手机助手聊，自言自语也可以。等唾沫横飞地讲20分钟，我就会觉得口干舌燥，心想：“还是放下轻松。”

我这个人一旦遇到内耗，就会像海绵一样，一点一滴地吸收着，直到不堪重负。其实，与其任由自己优柔寡断，不如选择速战速决——加速到“临界值”，你会发现，内耗瞬间塌缩了。

3. 低内耗的人，少活一些“形容词”，多活一些“动词”

当内耗来敲门时，它就是在告诉你，你该为了具体的事情行动起来，越具体越好——爱具体的人，做具体的事，解决具体的问题……你若只停在想的层面，引发的焦虑就会增加自己的内耗；若上升到做的层面，你就会慢慢平静下来。

有段时间，我进入了写作的瓶颈期，杂念太多，文章写不出、写不完、写不好。直到我看到日本设计师祖父江慎的一句话：“创作时不要考虑品位，先把脑海中出现的自我评价放一放，创作时最重要的是无须过分担心。”我照此去做，最终通过行动得出结论：行动起来，好过胡思乱想。我就是去做，不担心结果。

某部电视剧中有这样一句台词："做人要开心。"与其说我们要做一个开心的人，不如行动起来让自己开心。所以，我更喜欢把"开心"看作动词，而不是形容词。

停止内耗是不可能的，但我们可以把内耗降低。

以上就是我从想根除内耗到与内耗和平共处的一些体会。

“搞钱”不如“搞状态”

一位读者在年初时联系我，说她在等我发布新一年的时间管理表、精力管理表、读书计划、待办清单……还说我要是再不写，第一季度就过去了。

可是当时我正在研究状态管理，因为我感觉自己已经进入了比时间管理、精力管理、财务管理更重要的状态管理阶段。

我觉得，一个人只要状态好起来，无论遇到什么困难，都可以兵来将挡，水来土掩；可是一旦状态差起来，就会事也不想做、觉也不想睡、娃也不想带、人也不想理、床也不想起、饭也不想做（甚至不想吃）。更严重的结果，就是话不能好好说，总是好心办成坏事，然后深陷自我怀疑，再眼看着自己的怀疑得到验证，最后进入状态越来越差的恶性循环中。

现阶段我最爱听的夸奖的话，就是“你今天状态真好”。这句话背后的潜台词是：“你外表打理得不错，情绪调整得很好；老公没惹事，小孩不闹腾，长辈都挺好；工作稳中有进，生活自得其乐。”所以，“你今天状态真好”这句称赞话，简直是对我的全方位认可。

———

有时候我认为，“搞钱”不如“搞状态”。一个人有了好状态，才有希望获得真正的财富。所谓状态管理，核心就是让好状态得以延续，差状态得以扭转。

1. 状态第一

有一次，我计划和同事讨论一个项目的提案。因为此事非常重要，所以我头天夜里失眠了。第二天，为了在路上再好好梳理一遍思路，我选择打车去上班，可没想到司机一路开得飞快，刹车也很急，到公司后我心跳加速、四肢冰冷、脸色煞白，连参会都困难。

有时候人们会把所谓的要事当执念，但别忘了，一个人如果状态不佳，往往就什么事情也做不了。人不是程序，不是写了待办清单就能逐一执行，不是资料摆在眼前就能自动入眼入脑，不是发誓好好陪娃就能说到做到。

史蒂芬·柯维总结了高效能人士的7个习惯，其中之一是“要事第一”。但我要说，请别忽略了前提条件，那就是得先有个好的状态。成年人常说的“等我忙完再说”，其实是“等我状态好了再说”。人的状态好不好，对做事的效率、沟通的效果、产出的结果有着极大的影响。

我的经验告诉我，一个人要想拥有好的状态，除了使自己拥有一个稳定的心态，还应该注意个人素质和外在形象。我将其提炼为下面8个字：

个人素质：阅，读，说，想。

外在形象：发，肤，眼，体。

个人素质。

“阅”是阅读。我们平时多读书，了解不同领域的知识。对于生活中的不同意见，我们先别习惯性反驳。储备的多元化观点，总有一种能开导自己，让自己能够平静和自洽。

“读”是朗读。我们可以朗读精选诗歌、美文或新闻，张大嘴巴，调动情感，避免整天说话无精打采、含糊不清。

“说”是表达。我们可以利用碎片化的时间练习表达自己的一个小观点，描述一件小趣事，或跟自己聊聊心事。比如，假装自己是记者、主播或自己的心理咨询师，让嘴巴追上思维。

“想”是冥想。我们可以在碎片化时间做迷你冥想，将意识聚焦到鼻尖，吸入清凉，呼出温热，减少杂念，呼吸3~5次就好，也可以根据个人需要加长冥想的时间。

外在形象。

“发”是头发护理。比如梳头、按摩头皮，使用发膜、护发精油、生发液等。

“肤”是皮肤护理。我们如果长痘了，就提醒自己简单护肤；我们如果过敏了，就要提醒自己做个修复面膜。

“眼”是眼睛护理。我们在一个小时内至少远眺一次，也可以在午睡时戴个蒸汽眼罩，还可以做眼保健操，或多看看户外的风景，使用眼贴缓解眼疲劳等。

“体”是身体护理。我们可以通过贴墙站5分钟锻炼体态，也可以泡泡脚、做八段锦或其他运动。

我把这8个字牢记在心中，根据时间和精力挑选一部分事情穿插在一天中去完成，有空就做，没空也不强求。

一个人感到累了，就意味着自己的状态要变差了，需要调整自己。吃不下和睡不着是状态的“黄牌”，此时你要考虑自己是否要休息；无缘无故地哭是“红牌”，此时你要马上转移注意力，让自己休息。

2. 凡事专心

很多厉害的人常说自己进入“心流状态”时有多高级、多美好。我也体会过，但现在越来越没有这个条件了——在公司，同事经常打断我；在家里，女儿频繁呼唤我。在专注于某件事总是被打断时，人很难进入“心流状态”。

我越来越意识到，分心让我伤精费神，专心则让我凝神聚气。吃饭、陪娃、走路、如厕、工作、休息，我力求每个时间段专心做一件事。这是我从今年年初就努力训练自己的内容，毕竟上厕所时不看书挺难，吃饭时不看手机也难。但我相信，我只要专心做事，就会打开新世界的大门。

做正事，我用“番茄工作法”+“iOIF法”（Small input少量输入，Output输出，Input输入，Feedback反馈）。

“番茄工作法”要求我们每专注25分钟，就要休息3分钟。

专注时，“iOIF法”是：先获取基础的知识和信息，然后马上行动；如果发现不足，就继续获取必要的知识和信息，最后检查全过程。

休息时，你可以远眺、拉伸、喝水。你如果还不累，就稍作休息，避免让精力大涨大跌，有利于维持稳定的状态。

三四轮“番茄时间”后，休息20~30分钟。

专心做事很难，却很有意义。喝酒、吃饭、读书、恋爱的经历很多人都有，但专心品味当下和一心多用囫囵吞枣，两种不同状态沉淀下来的洞察力全然不同。

专心休息好像更难。有人向英国作家尼尔·盖曼请教“该如何成为一名作家”，他回答：“做点儿无聊的事。”无聊时，大脑不再对外部世界产生反应，会听从自己内心的感受。所以，我们把自己调成“飞行模式”吧。有时候我们要学会无聊，无聊也许就是我们在某一刻能做的最有成效的事情。

3. 自我接纳

我发小前段时间做试管婴儿，完成取卵后，她养了7年的小狗出了车祸。那段时间她状态差到睡不着，总是想哭。她婆婆好说歹说，想让她好起来。她也知道自己现在处于关键时期，但越逼自己，自己的状态就越差。她对我倾诉时，我安慰她道："你就接纳自己状态差的样子吧。"

我曾在一本心理学书上看到：一个人如果一边做着各种接纳自己的事，给自己放假，让自己休息；一边给自己设限，要求自己在规定的时间内好起来，就不是真正的自我接纳。

除了自我接纳，我们还要学会自我关怀。一位心理学家说："当我们面对困难时，问问自己是怎么扛过来的。"你已经在用自己能想到的方式悄悄渡过难关，应更温柔地对待已经尽力了的自己。当我们拥有了自我关怀的力量，在平和的心态下，我们就可以更清晰地看到自己手头的资源。

状态好时，我们要用欢声笑语来延续自己的状态。

状态不好时，我们要为自己建立防火墙，暂时远离状态不好的人，远离"毒舌"、脾气差、打压你的人。你一旦被他们刺激，就会使状态越来越差。

状态不好时，我们要试着去扭转，去调整，去接纳。

———

时间管理适合学生时代和打工时代的我，因为那时候的日子每天大同小异，有惯性，意外因素较少，便于自我安排。

精力管理适合走上写作之路的我，它让我可以了解自己的精力曲线，把精力旺盛的时段调拨给权重高的任务。

对我而言，时间管理和精力管理可谓功不可没，但当我进入工作—写作—带娃的阶段，它们就越来越不适用。我上有老、下有小，生活琐事暴增，突发事件不断，经常是有时间时没精力，有精力时没时间。这时候的我很难集中精神，进入不了做事的状态，看电子书时眼睛会持久地停在某一处，这其实是“状态”在呼救。

对于状态管理，我们应顺势而为，对意外事件留有弹性准备，减少给自己设置的条条框框；更应以“人”为本，不要只盯着产出和效率，要学会关心自己的情绪，学着不带内疚地休息——选择一个时段，暂时什么都不要在乎，允许一切发生。

状态好了，我纵情挥洒；状态不好，我蓄势待发。

怎样做一个内核稳定的人

我看完电影《封神第一部：朝歌风云》后深感困惑：影片里的皇子和质子们的内核也太不稳定了吧？！他们竟然那么容易就被纣王洗脑。纣王让质子们弑父，他们就弑父；纣王让他们自杀，他们就自杀。而皇子明知纣王杀了自己的母亲姜王后，还能为纣王辩解，说纣王只是被苏妲己迷惑了。

余兴未消，我又看了讲述电影拍摄过程的纪录片《封神之路》。我从片中得知，这部电影从筹备到开拍历时10年，3部连拍，难度空前，投资巨大，所有团队人员无一不带着压力工作。尤其是导演，全程参与剧本创作、演员培训、服化道设计、数字角色调度等环节，每个环节都是一场难打的“持久战”。

我擅自代入一下，就感觉自己马上要头变秃、脸冒痘。

但乌尔善导演看上去心宽体胖，气色红润；讲话不疾不徐，条理清晰；和人交流心平气和，工作有效推进。在10年的周期里他能始终保持明确目标，在事无巨细中他依然能保持情绪稳定。

我惊叹，这个人的内核也太稳定了吧！

《封神第一部：朝歌风云》讲述的是3000多年前的神话故事，而《封神之路》则是对电影拍摄过程的记录。对很多人来说，它们都是远方的故事，与自己无关。但是对我来说，我忍不住思考：作为当代女性，我们怎样才能完成自己的“封神之路”呢？

这部电影和纪录片给了我一个很好的答案，那就是我们要让自己保持内核稳定。

———

我们可以想象一下自己内核稳定的状态：在家里，我们的情绪不轻易受老公和小孩的影响；在公司里，我们不轻易被领导和同事传导压力；在社会上，我们不轻易被各种负面信息困扰……我们开始变得越来越了解自己，慢慢告别易被带偏的“体质”，减少易被干扰的“波段”，做事有目标，有计划，脚踏实地，该专注就专注，要放松就能放松。

作家冯唐说过，每个厉害的人都要有一个笃定的“核”，这样在宇宙间才不易被风吹散。

那么问题来了：我们怎样做才能成为一个内核稳定的人呢?

1. 思想别轻易被带偏

在电影《封神第一部：朝歌风云》里，为了防止四大诸侯造反，四大诸侯的儿子作为质子，被纣王强行养在身边。纣王向他们灌输自己的价值观，久而久之，质子们对纣王言听计从，认贼作父。

强势的纣王，对别人实行精神控制的“段位”很高：给人一个巴掌，又给人一个甜枣；一边打压你，一边需要你；一边关心你，一边放狠话。儿子和质子，基本被纣王洗脑，蒙蔽了双眼，无条件服从纣王，甚至还为纣王的恶行开脱。

直到西伯侯姬昌对儿子姬发说：“你是谁的儿子不重

要；你是谁，才重要。”这话让作为质子的姬发认清了自己，也看清了真相。

旁观者一眼就看出，纣王把质子当枪使，但当局者就是被迷到甘当枪子儿，纣王指哪儿他就打哪儿。

回到现实中，我有时也会忘掉“你是谁，才重要”的人生信条。我们在与强势的人相处时，最容易迷失自我。我对此深有体会。在工作或生活中与人相处时，强势的人，重则牵着我的鼻子走，轻则“接管”我的情绪。

我花了很长时间，浅浅学会了一些与强势之人的相处之道。

和他们相处，你可能觉得出于个人需要，也有顾全大局的考量。但他们如果只说不听，抬高自己贬低别人，会让人有不适感和莫名其妙的负罪感。久而久之，我们就会过得被动、压抑，产生强烈的内耗。

我们可以训练自己识别关系中对强势者的敏感度，若不得不接触对方，也不要奢望和对方平等相处，尽量以“短平快”的方式完成合作，并把合作过程中产生的负面情绪及时消解。

最近我在看美剧《婚姻生活》。这部剧开场是一个学者找到一对夫妻做“性别对婚姻的影响”的学术采访。当那位学者问到他们各自的恋爱史时，妻子针对这个问题与研究主题的关系表达了质疑。

当时我简直想按下暂停键对这位妻子表达一下我对她的崇拜，因为她不会动不动就卸下心防，对任何人掏心掏肺。

强势的人威逼利诱也好，社会文化的潜在影响也罢，我们要有识别“不对劲”的敏感，还要有批判性的思维，一旦遇到问题就三问自己“你是谁”“从哪来”“到哪去”。总之，我们不要轻易被人带偏。

2. 做事别偏离主线

看完纪录片《封神之路》，我的观后感可以浓缩为3个字：血压高。

剧本讨论会上，大家从100回的明朝章回体小说《封神演义》里筛选并提取出一个适合电影的故事。这个故事需要是长叙事，有史诗感；需要是英雄成长故事，有戏剧张力；需要热血，又要有趣。

演员是从新人中海选出来的，通过选拔后再接受培训。为了练出一身腱子肉，他们每天5点起床练习马术、格斗、射箭等运动项目，此外还要学习古诗词。而饰演妲己的演员还要去动物园里观察狐狸，学习狐狸的动作和神态。

在服装造型方面，从布料到材质，从纹路到与人物性格的匹配度，导演和美术指导碰了又碰，核对了又核对。

数字角色的设计和调度也是一种挑战，比如雷震子的起飞方式，就需要360度全方位测试。

分镜讨论更是让我大开眼界，有些画面先用动画来预览和调整，有些战争戏甚至需要12个不同部门共同完成一个镜头。

导演真是不简单！大脑里既要明白影片想要的效果，又要清楚总体的目标，还要兼顾商业价值和艺术价值，哪怕是演员的指导、数字角色的设计、国内外工作人员的协调……他都要亲力亲为。他把对这部电影的所有愿景和目标平摊到10年里每一天要做的事情中，从不偏离。

“做事”是一个人的“内核固定器”。当一个人处在认真做事，完成任务的过程中时，他就像一个被支架稳固支撑着的人，不会轻易被风吹倒。

目标有长期目标，也有短期目标；计划有长期计划，也有短期计划；执行的时候一小步一小步地来，做好了就保持，没做好就调整——这样的人，内核稳，工作顺，人自信。

3. 别允许自己被轻易透支

“豆瓣”上有个帖子，发帖的人说他曾去探班《封神第一部：朝歌风云》剧组，觉得这个剧组最厉害的地方就是有周末休息时间。很多影视剧组，“007”是常态，管理水平不高，要么准备不足，要么过度准备，没有清晰的规划，没有理智的预判，计划永远赶不上变化。

而《封神第一部：朝歌风云》剧组更像一个管理非常现代化的企业。他们不说出工，而说上班，并且有清晰的时间规划。

“内核”一词常让我想起自己请私教进行产后锻炼的经历。教练在我上课的一个小时内，一个劲儿地对我强调身体核心肌群的重要性，让我配合呼吸，一下收紧，一下放松，持续做收放练习，做完后要保持上犬式，放松核心。我好像没做幅度大的训练动作，但第二天感觉腰腹和腿都特酸。一段时间后，我觉得身体在往里收，整个人都稳了。

一个人心态沉着，情绪稳定，情商“在线”，做事漂亮，归根结底是靠自己的身体完成的。缺乏放松，又长期被克扣休息时间的躯体，将会不堪一击，谈何稳定？

人越成熟，越会意识到内核稳的重要性。

内核稳定的人，不会像调洗澡水那样，左一分嫌冷，右一分嫌烫；也不会像调音量那样，要么上滑到最大，要么下滑到静音。

我们只要内核稳定，就不会轻易被吹散。

做人可以很“直接”

近期去做按摩时我经历了一场消费“PUA”（网络用语，可理解为“套路”）。

那天，我刚一躺下等待腿部按摩，就听技师开启“话术”推销充值活动：“你的卡只剩3次了，趁着‘520’的优惠活动，再加个疗程吧。你把身体料理好，也会使双腿更苗条。”

而我的心里话却是：“怎么还有3次，猴年马月我才能用完啊！”这张会员卡是我在几年前办的，一共能做按摩10次，至今还剩3次，说明我真心不喜欢到这家店做按摩。

每次做按摩时，我都得经历技师们对我的“战略性挑剔”——这不够健康，那不够精致；这有毒，那有火；这有寒，那有湿……我很好奇：在他们店能看到健康人吗？办完卡我就能变得健康精致了？

一个人就算肝火旺、有湿气，想必也不是通过按摩就能解决的。对于按摩，我只求放松身体和精神，缓解疲劳，不奢望解决实质性问题。

技师把我的冷漠态度“翻译”成了犹豫，于是她叫来销售经理助阵：“女人要对自己好，当妈妈的人要懂得疼自己，人老先老腿……”听得我异常烦躁。

如果换作以前的我，不管是因为对对方的服务不满，还是因为自己心中早已另有他选，总会顾及对方的感受，思来想去怎么拒绝对方才会对他们伤害最小。可是那天我选择直说：“好不容易有时间来做按摩，我只想安安静静地享受。如果我感到舒服、放松、有效，按摩结束后我会询问活动的事。现在我想把卡中次数用完后再说。”

没想到听我说完后他们果然安静了。这次，我只顾无忧无虑地享受着按摩的舒适。按摩结束后，我双腿浮肿减轻，内心的纠结感也减少了。

我对自己说：“你是好样的！今天又是身材苗条、‘神经大条’的一天。”

这几年，我的人生座右铭里又新增了这样一句话：我要身材苗条、“神经大条”。

保持身材苗条，不是服“美役”，不是取悦谁，更不是柔弱到要激起异性的保护欲，而是努力追求匀称紧实又体力充沛的身体；适当“神经大条”，不是低情商，不是粗线条，更不是故意揣着明白装糊涂，而是拒绝被别人操纵情绪。

20多岁时，我经常追求身材苗条，因为不想在花一样的年纪，把自己活成一株“多肉植物”。

30岁以后，我更向往“神经大条”，因为别人会有意无意伤及自己，自己更要减少自戕。

我读过日本作家木村英一写的《我就是神经大条，谢谢！》，当时还做了读书笔记，现在回看当时摘录的好句子，依然觉得“扎心”。

“其他人并不会特别生气的事情，只有自己会特别愤怒；其他人并不觉得感动的事情，只有自己特别感动；有人做错了事情，其他人没有什么反应，自己在心里会责备对方。”

他说的就是我。我偶尔会痛心疾首：“只有我这么敏感吗？”

“在与家人朋友间的交流中，一对一的交流形式压倒性地占多数，商量对象通常能够很快给予回复。但如果是在商业场合下，如果像一对一交流时那样期待对方的回应，很容易产生觉得对方回应太迟、回应不够好的不安和不满。”

他说的就是我。在对方没及时回复消息期间，我的内心小剧场异常热闹。

“常常无法忍受他人的作风，因为他人的作风和自己不同而感到愤怒。事实上，并不是我的作风是正确的，其他人的作风是错误的。如果无法认同他人的作风，那么无法认同的那一方，每天会过得非常不愉快。”

他说的还是我。我好想搓搓阿拉丁神灯，然后说：“如果我的身材能像神经一样纤细，而神经能像身材一样粗壮就好了。”

———

我成长于南方，和身边的很多南方姑娘一样，情绪内敛，说话之前考量太多；来到北方后，我发现北方姑娘普遍性格爽朗，情绪张扬，直言直语——这可真是南婉约、北豪放。

北方姑娘在自己受委屈时，马上就能把委屈“外包”。北方姑娘在听别人诉苦时，会义愤填膺地说：“你呀，就是太好欺负了，就不能惯他的毛病。”

我刚到北方时，一度被她们的语言风格镇住。有一次她们看到我和某已婚男同事穿同色系的衣服，随即发出惊叹：“哎呀妈呀，你俩穿情侣装。”结果，我自己还没来得及尴尬，她们又去逗别人了。

还有一次我感冒了也坚持去上班，以前在南方时，女性同事会说“注意身体”；在北方，女性同事直接说“离我远点儿”。我心里大呼：“做人可以这么直接吗？”

在北方待久了，我已经习惯北方人的性格了。现在，我的神经也终于变得“大条”一点儿了。

———

我写这篇文章时正是5月20日，又称“520”，谐音“我爱你”。因此，我想对所有人说：“人吧，一定要先爱自己。”我把以下6条“大条”语录当作礼物，送给自己也送给你：

1.不要做坏消息收集器。坏消息压根儿收集不完，自己这儿也放不下。

2.不要为没见过面的人生气。科技发达了，多少人足不出户，就能被千里之外的人气到半死。生物趋利避害的本能，到自己这儿坚决不能失灵。

3.不要盲目跟从社会流行观念，你有你的路要走。

4.给自己设置一个清晰的目标。不然整天被芝麻大的小事纠缠，足以让人崩溃。

5.碰到嘴巴里埋着“下水道”的人，你的大脑里一定要安上“强力冲水按钮”，把他们给你带来的不快迅速冲走。

6.再忙，到饭点时，请对自己说“事已至此，先吃饭吧”；再烦，到睡觉时，请对自己说“事已至此，先睡觉吧”。

从今天起，我不会让“卡路里”轻易闯入我的身体，也不会让坏情绪轻松控制我的心情。我要每天都做一个身材苗条、“神经大条”的成年人。

智慧女人经营婚姻的7条法则

———

我忙里偷闲，看了毛利的小说《结婚练习生》，对书里的几个角色印象很深刻。

女主角程佩，33岁，上海女精英，综艺节目的后期总导演。她本是一个单身的独立女性，面对父母催婚，她一直很淡定，可最后却因未婚导致上司和客户拒绝让她操刀情感类节目。于是，她选择了和小自己3岁、没车没房的外地人马宁结婚。

马宁工资没她高，见识也没她广，用程佩的话说就是："比30岁时的我差了点儿，比现在的我差得远。"一开始，两个人的婚姻生活困难重重，但是随着各自的努力，两个人真正地为彼此带去了幸福。

不过，除了程佩的老公马宁，小说里其他人的老公都让人感到窒息。比如全职妈妈马静（马宁的姐姐）的老公，名校毕业，在“大厂”上班，在燕郊买房，被本地人拒绝后选择了和马静结婚。在马静生了两个女儿后，她那一直想要儿子的老公在工作上很努力，可回到家就“摆烂”，让马静承受着“丧偶式育儿”的痛苦。马静真是既当妈又当爹。

再比如天之骄女潇潇（程佩的表妹），上海本地女孩，年轻漂亮，家境优渥，有留学背景。她的老公是个“富二代”，看起来各方面都挺好，没想到婚后却露出了真面目——赌球、家暴，一样不落。

看小说时，前半部分看得我惧怕婚姻，后半部分，随着程佩和马宁的婚姻“低开高走”，我不禁开始思考一个问题：人如果一定要选择婚姻，那么怎么做才能把婚姻生活过好呢？

小说里有这样一句话：“婚姻止于智者。”但对于已婚的我来说，重要的是：智者如何经营婚姻。

———

我结婚快7年了，攒下了7条感悟。它们可能对你有用。

1. 要有降序心态

身边一位女性朋友曾和我分享了她降低对婚姻的预期的想法："我就当自己是个单亲妈妈，带着两个孩子找了个男朋友，也就是我老公。这个男朋友不仅爱我，还爱我的孩子。瞬间我感觉自己好幸福啊。"

另一位妈妈一拍大腿，补充道："对呀，他还和我分担房租，出门时还提供司机和安保服务。我真的是太幸福了！"

所以说，对于婚姻，很可能我们期待越高，失望就越多；而期待越低，惊喜也就越多。

在小说中，程佩在婚前自问：自己会因婚姻而走入一败涂地的境遇吗？她的答案是"不会"，因为她"对婚姻没有任何期待，只有最低水平的观望态度"。

在婚姻初期，我们先放过自己，也放过别人。

2. 旺夫先旺己

小说中的程佩对待工作既专业又高效，在生活中她严以律己，宽以待人，非常优秀。程佩工作上非常努力，关于一个项目的策划书要写3份，在一个方案被否定后她可以马上提供另一个。

她的精力主要用在工作上。很多公司想高薪聘请她，还有搭档想约她一起创业。

但程佩在老公马宁的工作方面反射弧很长，这反而可以让马宁有更多空间做自己喜欢的事。两个人互不干扰，共同进步。

3. 非内耗沟通

在婚姻中，我发现当我分清怎么说废话、讲正事和提要求的时候，沟通就会很顺畅。

说废话时，我会关闭脑内的评价按钮，说着幼稚话、玩笑话，宜放松身心，忌上纲上线。

讲正事时，我必须拿出职场谈判的技巧，把结论、依据、措施都理性地表达，共同做出利于“我们”的决策，让“婚姻有限公司”蒸蒸日上。

提要求时，我若有诉求就直接说，不搞弯弯绕绕，不能正话反说。

小说中，程佩的老公马宁有个感悟：“女人好像很少在一开始就提要求，总喜欢把要求放到最后说，当然通常说的时候已经大事不妙了。”

提要求是项技术活，可以加感谢的话，但不要掺杂卖惨、拧巴的成分。

举个例子，你对老公说：“今天下雨，你来接我吧。”这句话就及格了。你如果再加上“谢谢”“辛苦”，就是加分项。

如果你要拧巴一下：“今天下雨，你来接我吧，如果顺路的话。”那么你老公可能真的就会“不顺路”。你如果要卖惨一下：“今天下雨，别人都有人来接，就我没有。”那你老公就算去接你，也会不高兴。一个体贴的老公，背后有一个会提要求的老婆。

沟通质量决定婚姻质量。

4. 坚信“老公有用论”

程佩没指望马宁在事业上有什么作为，而且她渐渐发现，虽然自己每天很晚回家，但家里干净整洁，散发着日剧里“小确幸”的气息。一向对赚钱有着超乎寻常的热情，但生活质量一塌糊涂的程佩，终于体会到了“外面兵荒马乱，家里有碗热饭”的美好。

当下，讨论“全职妈妈”的话题有很多，却很少有讨论“全职爸爸”的话题，其实这本身就是问题。对于宏观难以缓解的问题，我们应该在微观上行动起来。每个女人的老公都有变成“全职爸爸”的潜力，他们都会做家务、带孩子。他做菜做得咸也好，带娃犯错也罢，我们都要夸赞他、鼓励他。

女人只有坚信“老公有用论”，才会让老公越来越有存在感和成就感。

5. 给自己放个假

婚姻中，女性不必总逼着自己变得有用，也不必“摆烂”，而是要尊重自己当下的感受。自己这瓜，长期强扭，肯定不甜。

今天工作太累，你就让孩子自己监督自己；明天来“大姨妈”，你就让老公洗碗；父母如果健康无忧，你就放开了让自己客串半天小女孩。

当你感觉在这个家里只有自己在付出时，那么就请你抽时间给自己放个假。

6. 睡前赞美一切

每晚临近睡点，回顾过去的这一天，我们可以问问自己：今天表扬老公没有？今天赞美孩子没有？如果没有，我们就要赶快抓住机会“谢谢老公给我揉了两下肩膀”“谢谢孩子见面亲了我一口”。小小的举动，就会把一整天的“收官数据”变得很好看。

家人很可能会因为你的赞美而愉悦地睡着。就算你只是在心里默默赞美，没有告知相关的人，也能减少压力，反刍快乐，减龄又养颜，宜心更怡神。

有这样一句话：“睡前原谅一切，醒来便是新生。”

而我想说：“睡前赞美一切，婚姻会更美满。”

7. 做个“难嫁风”女孩

“做个‘难嫁风’女孩，读书、旅游、健身，爱上班还爱花钱。”在网络上看到这样一句话时，我扑哧一笑，随即想到或许“好嫁风”女孩容易进入婚姻，但“难嫁风”女孩一定更容易维系婚姻——所谓“好嫁风”和“难嫁风”，前者意为受异性喜欢的风格，后者则相反。

看似简单的“婚姻”两个字，其实包含了若干阶段：热恋期、磨合期、儿媳期、育儿期……

不管你有多少阶段性支线任务——围着灶台转、围着老公转、围着孩子转，都请不要忘记围着自己转。

我们可以让阅读滋养精神，让旅游松弛神经，让健身强壮体魄……

在家庭关系里，我们首先要拥有自己的世界，才能和别人互相分享各自的世界，而不是去对方的世界找自己的位置。

在婚姻中，可以成为自己老师的，唯有自己。

以上，就是我这个已婚女人对良好婚姻生活的7点感悟——进入婚姻，变成智者，活得通透，活得幸福。

生完孩子后，不做“牺牲式妈妈”

我曾经在“知乎”上看到一个问题：为什么很多女人生完孩子后和生孩子之前相比会判若两人？我心想：“别说生完孩子后了，就连生孩子之前，我也早已和学生时期的自己不一样了。”

我的一位朋友就是这样的状态。她在妊娠第38周时，深夜给我发了条语音信息：“你还记得坐月子时谁帮你洗衣服吗？”我知道她对生孩子这件事一直都很焦虑，但没想到的是，她竟然连这种小事都要担心，对配偶的信心简直低到了尘埃里。

上次去看她，我搜罗了五六本关于产后调理、月子饮食、婴儿护理的书，全部给她带了去。到了她家，我见她老公在客厅打游戏，公婆在次卧看电视。同他们简单寒暄了几句，我就随她进卧室密聊。看样子，她已提前过上“只有卧室是家”的生活了。

她说：“我现在对未来充满恐惧。父母身体不好，我帮不上忙；老公像个‘巨婴’一样，我根本指望不上；婆婆挑剔强势，我更是不敢指望。”

提起她老公，她忍着怒气。孕期她孕吐、反胃、抽筋、耻骨联合分离，疼得连走路都困难。她老公表现得很疑惑：为什么别人怀孕都好好的，你怀孕后事儿这么多？

———

那天，我们聊了很多问题：有的是关于孩子出生之前的，诸如选择公立医院还是私立医院，让不让老公进产房，顺产还是剖宫产，要不要无痛分娩等；有的是关于孩子出生之后的，诸如每天谁来哄娃睡觉，下半夜和上半夜分别谁来冲奶，婆媳矛盾、翁婿矛盾怎么解决……

我以过来人的身份给了她一些建议。其实，对于生孩子这道大题，我之前自认为做了周全的准备，但还是答得漏洞百出。我刚从生孩子的小坑里爬出来，马上又掉入养孩子的大坑。

生孩子选无痛分娩，我没遭罪，可哺乳期竟然堵奶了；老公对我还算体贴，可公婆就对我一般般；我躲过了产后漏尿，可没躲过产后痔疮；腹直肌才刚合上，腱鞘炎又疼得快要了我的命……

在家人眼中，孩子就是令人欣慰的天选之子，而自己仿佛就是天之弃女。我们一旦这么想，就很容易产生巨大的心理落差。

坐完月子，你以为生育任务完成了，其实任务才刚开始。接下来你会面临自己精力不足，而孩子又太能消耗精力的矛盾。比如我吧，每次换尿布、冲奶粉，给她穿好的衣服被她脱掉，给她扣好的纽扣被她撕开时，我就会觉得自己像西西弗斯推石头一样在做无用功。

哦，巴尔扎克说的“母爱使每位女性降身为奴”难道就是这个意思吗?

一位朋友曾对我说，生了孩子，她体会到了各种层次的分离之痛：身体上，从耻骨分离到腹直肌分离；感情上，和老公的情感分离（分床睡了），和公婆的关系分离（连声爸妈都叫不出来了）。

生完孩子的女人，谁不曾对老公、公婆、爸妈、月嫂、领导等产生过负面情绪呢？

为什么很多女人生完孩子后和生孩子前会判若两人？因为生过孩子的人和没生过孩子的人中间隔着巨大的信息和感受壁垒。当你亲自打破这个壁垒后，你就走向了新的人生阶段。

———

女人生了孩子后，不管在生孩子之前准备得充分与否，都会感觉像原本在飞机上坐得好好的，突然从万米高空纵身一跃跳了下来。你在自由落体时难免会惊慌失措。但在自由落体过程中你又体会到，自己跳出飞机后会徒手制造降落伞。我就体会过“跳下飞机”的恐惧和无助，也看到过“降落伞”展开的惊喜和美好。

如果说女人在生完孩子后会和生孩子之前判若两人，那么能不能因为比生孩子之前的自己变得更好了而判若两人呢？

对于这个问题，其实女儿已经给了我答案。只是因为我沉湎于烦心琐事，所以没有及时看清。解铃还须系铃人，

“系铃人”是如何给出答案的呢？

1. 身体层面

孩子有点儿磕碰，瘀青一两天就会消退，起的包半天就能消失。孩子把生活要领做给我们看了：去锻炼，去睡觉，吃有营养的东西，天天乐呵呵，身体新陈代谢和创伤愈合能力就会提高。

2. 人际层面

经历了带娃的辛苦，你就会明白：自己最多只能当孩子的妈，绝对不能当老公的妈。你连两三岁的小孩都管不了，就别再有改变大人的执念了。生娃后，你可能和某些家人的关系会处于绷着的状态。其实处于绷着的状态你会很累。处理不好和家人的关系，或许吵架，或许闹僵，而这些都不是你想要的结果。而孩子会教你撒娇，教你与人相处之道。

3. 精神层面

很多人都说“一孕傻三年”，女人产后的记忆力会下降。但我在坐月子期间甚至产后一两年，对一些让我心情不好的人和事却记忆犹新。其实女儿早已给我做出示范：见我把电视关了，把小玩具拿走了，她可能会哭闹，但转念就忘，然后开心地去玩下一个项目。据说孩子3岁前的记忆会消失，那当妈妈的能不能也把不好的记忆全部扔进3岁之前的遗忘区？

4. 生活层面

我要学正念，但总不得要领。其实这道题孩子已经给我讲过很多遍了。我带女儿去小区花园玩，路边一朵花、几只蚂蚁就能让她驻足细品，沉浸其中，而我却因她走走停停速度太慢而气急败坏。我的目的地是小区花园，她的目的地是一切美好，她比我境界高。

当我觉得带娃好累、哄娃好苦时，孩子可能也知道给我添麻烦了，所以她带着灵丹妙药来找我，愈合我身体上、人际关系上的分离感，帮我减少内耗，参悟人生哲学。因为她想要一个开心的妈妈。

女人生孩子是一个外借自己的过程，自己被还回来时，一定要惊为天人才行。

真正懂一个女人的，是另一个女人

7月，我忙着给刚满3岁的女儿选幼儿园，每天焦头烂额。

公立幼儿园离家最近，学费750元，伙食费另算，下午4点30分接娃，9月入园。此外，家附近还有3所私立幼儿园，费用各不相同，但都可以随时入园。

A私立幼儿园：学费3000元+伙食费+特长班、校车等附加项目费，最迟下午6点30分接娃。

B私立幼儿园：学费4980元+伙食费+活动费+下午4点30分后的托管费。

C私立幼儿园：学费4000元+伙食费，下午5点30分接娃。

对于到底选择哪所幼儿园这个难题，我们一家人各执己见，谁也不能说服谁。我家的情况挺复杂，我爸妈一年来我们家住4个月左右，能帮忙带孩子的时间有限；我老公居家办公，每天下午6点下班；而我的工作时间是早出早归。

于是我去征求一位家住隔壁小区的宝妈朋友的建议，她的儿子大我女儿2岁。她建议我把公立幼儿园作为备选，先试试A园，并随即给出原因：B园的活动很多，今天做个手工，明天搞个比赛，一个月七八千元才能下来，还特别耗费妈妈精力，不是有钱有闲的全职妈妈千万别选；C园虽然声称主打××教育，宣扬以人为本、注重个性化和全面发展的教育理念，但落实得很表面，所以也不能选。

她儿子上过A园，6点30分接娃，当时她给选的是乐高特长班，每个月加1000元。她每天下班之后还可以稍作调整，再去幼儿园接娃。

最后，她安慰我："没事的，一切都会好的。"

跟她聊完，我通体舒畅，要方案给方案，要宽慰给宽慰。她就像我肚子里的蛔虫，懂我隐秘的心事：想要公立的实惠价格，想要私立的接娃时间；不想从小"鸡"娃，也不愿一路累妈。她的建议不只考虑到孩子，还照顾了我的压力和痛点。我的小心思不用藏也无处藏，好几次听她讲的体己话，我都直拍大腿："知我者，莫若你！"

果然，懂一个女人的，是另一个女人。

一个周末，一位女性朋友约我看电影，看完后我们一起去吃饭，一边吃烤肉一边喝酒聊天。几杯酒下肚，我说起有一天我遇到曾经教过我的瑜伽老师，跟她闲聊了两句。我和瑜伽老师聊到孩子的学习问题，她说她女儿刚上小学，成绩还不错，又说自己让孩子在上学之前就做了充足的准备，提前学了一些课程，才不至于入学就傻眼。那天回家吃晚饭时，我在饭桌上转述这件事，没想到我老公却愤愤不平，义正词严地指责超前教育和超量教育。我解释道："我还没决定让孩子提前学习学校的课程，只是把在外面听到的消息告诉你……"

我正和这位女性朋友说着这件事，话还没说完，她就急不可耐地咽下食物，高频小幅度点着头说："对对对，一模一样，我家那位也这样。我女儿读三年级，跳绳只能在1分钟内跳100次左右。我经常接孩子，有次听别的家长说他们家报了个跳绳辅导班，小孩1分钟能跳180次。我话没说完，我老公就说我吃饱了撑的，跳绳还要报班。”

我说我们女人只是在分享信息，男人们却忽略了我们的担心和迷茫，急于表达不解、不屑、不满。我俩言及此处，赶紧碰杯。

我说我老公看我不说话了，也没再说话。朋友说她和她老公吵了很久，只有他闭嘴才能消停。我俩二度碰杯。

我说其实我希望老公多开口，说些“老婆你辛苦了”“老婆今天真好看”“教育孩子你操心了”……我们都是第一次当妈，摸着石头过河，遇到问题犹豫不决；他们第一次当爸，怎么那么从容不迫？我俩三度碰杯。

我俩怒着怒着就平静了，气着气着就大笑了。

怀着一种“且将生活一饮而尽”的豪迈，我们把剩下的啤酒一饮而尽。那天回家后，我心情超好，看老公也顺眼，看孩子也可爱。

果然，女人最能开解女人。

——

那年我月子期结束后，看了韩剧《产后调理院》，剧中有句台词大概是：生完孩子，你才有真正的朋友。我当时还不信，此后3年我却越来越信。

有时和年轻小美女一起聊天，我发现她们在乎的点已与我迥然不同，双方完全不同频。我若把生活的烦恼跟家人谈谈，会让烦恼徒增10倍。

商家不懂我——把婴幼儿用品卖那么贵干吗，我们女人赚钱容易吗？

早教机构不懂我——整那么多拼爹妈的项目干吗，我们女人精力很多吗？

专家不懂我——既要“爱的教育”，又要情绪稳定，我们女人的情绪有人关心吗？

专家不建议隔代带娃，孩子渴望妈妈随时在身旁，社会教育女人要经济独立，老公希望妻子貌美能养家，公婆希望儿媳勤俭持家。

最解压的就是那一个个可亲可爱的女人。她们可能跟你素昧平生，却同你在短视频上偶然刷到的一句“别吵了，和老公吵来吵去，也没吵出你想要的生活”深有共鸣。

她们也可能是你见过一面，回忆起来就注入能量的一幕。有次过地下通道，我女儿下了扶梯就开跑。于是，我就追着她跑。见对面有个妈妈追着她儿子跑，我俩相视一笑，瞬间从感情上完成了从狼狈到战友的升华。

我的写作搭档是庆哥，她在广州，我在大连；她有个儿子，我有个女儿。我们除了谈写作，也谈生活，很多微妙的情感，一个语气、一个标点，对方秒懂，足矣。

女同事从洗手间回来，手上涂了厚厚的护手霜。我闻到香气，问她是不是在家顾小孩不方便涂护手霜，在单位加倍涂？她说我太懂她了。

女性在各自看似不同的生活考卷中浸染多年，偶尔碰头交流，知道身上哪里肥肉难减，知道娘家和婆家的区别，知道产后难言的隐疾，知道如何让爱情神话走入现实，也知道育儿过程中的知易行难，更知道与伴侣相处的各种问题。

———

日子不要闷头过，我们要多交几个聊得来的朋友。她们是被低估了的“解语花”和体己人，也是你的避难所和开心果。

很多人告诉你要多读书、多跟厉害的人聊天，才能提升自己，却少有人告诉你有女“搭子”的好处，她们主打精准陪伴，倾诉也好，吐槽也罢，获取信息也好，获取能量也罢，她们会让你觉得世界很有趣。

基于我的经验，我总结了和我这个阶段的朋友们交流的几个特点。

1. 效率第一

不管切入点是孩子还是老公，最多1/3的篇幅过去后，话题基本就会回到我们自己身上：别那么上火，长痘不好看了；别那么生气，身体最重要；吃得苦中苦，方为苦命人；省着点儿用自己……中间不停交流怎么保持身心状态、怎么利用时间、怎么解决烦恼……心得与实践方法齐飞。最后，她们给你推荐微信名片，发送购物链接，聊完就能把事办了、把问题解决了，效率比高精尖大企业的会议还高。

2. 拒绝添堵

年轻时的我们或许有点儿爱攀比、不想输的心态，可到了30多岁，再遇到另一个同龄人，没人会说自己的人生多好多顺，反而会诚实说说自己生活中遇到的问题。本质上，我们都是在关照另一个自己。

家家有本难念的经，我们不是在诉苦，而是不想给朋友添堵。很多时候，女人都觉得自己一个人就是一支队伍，而另一个女人会告诉你："你不是一个人。"就像张爱玲写的一样："因为懂得，所以慈悲。"

3. 凡事讲重点

女人说话很少搞一些弯弯绕绕，在一起聊个天不容易，讲话就要一针见血，看破说破。

当你因为孩子的学习成绩而焦虑时，看清的女人会告诉你四个字：学着看开。

当你困扰于夫妻关系、婆媳关系时，看懂的女人会告诉你四个字：都是这样。

当你忙得脚不沾地，却还吃力不讨好时，看破的女人会告诉你四个字：身体要紧。

别人的评价只是参考，你不开心就不参考

端午假期，我和朋友各自带着家里老小到海边游玩。我陪着女儿在退潮的海边赶海，故作兴奋地向女儿喊道：“哇，你看小螃蟹！哇，你看小花蛤！”

突然，一个大学生模样的女孩向我问路：“阿姨，怎么去那边的礁石区域？”

我回答：“不知道。”我不仅不知道路怎么走，还不知道她为什么要叫我阿姨。

回到海边天幕下坐着休息，我看到远处的朋友拽着她女儿向我们走来。她衣冠不整，披头散发，鞋子沾着沙石，又缠着海带，周身散发着一股糟心的“邋遢”味儿。想必我在刚才那个问路的大学生眼里也是如此。

这还不算什么，真正戳中我“肺管子”的，是我的男同

事。男同事正在聊自己的幸福生活，说着周末和媳妇一起去听交响乐的事。我真心诚意地感慨道："你们的生活真好，不像我们，周末都围着孩子转。"

男同事说他们本来准备买房，但是最后看房子太多看花眼了，一拖再拖，到现在还没买。他们相中的一套房子，现在价格已经比当初看房时跌了1/5，而且现在利率也低了很多。男同事说房价和利率都还能再低，反正不急，感觉自己这两年"躺赚了七八十万"。我又真心诚意地感慨："你们时运真好，不像我们，在房价处于高位时接盘。"

几位同事听后纷纷拿我打趣："生育率降低时，你生娃；房价大变天时，你买房。你是懂得找对'时机'的。"要不是被嘲笑的人是我，可能我也会笑。

———

如今，我们这些有娃有贷的人，该如何挽救这个糟糕的局面呢？

1. 减少“接盘侠”心态，让亏损不再加剧

我们要承认自己只是时代洪流下的普通人。对于理财，没有人能未卜先知，永远低买高抛；没有人能一直反人性地只买跌不买涨。我们好不容易节衣缩食，先买小房再换大房，没想到击鼓传的花到了自己手里暂时就不传了；好不容易上了理财课，想学着买基金，让钱生钱，没想到“–20%”已经是目前最佳收益。

我们也不要把不顺归因为时运，而把成功归因给自己。我们一旦把“坏事都被自己赶上了，好事都绕着自己走”的思想钢印烙在心上，就容易一直走下坡路。

我们过好现在吧，哪怕接盘，也接得开心点儿。人生就像茶叶蛋，有裂痕才更入味。我们安慰自己吧，既然房价跌了，就更要在这所房子里相亲相爱，让房子里笑声不断；既然养娃很累，就更要珍惜彼此相处的时光，互相给对方力量。我们如果再继续唉声叹气，怨天尤人，只会加剧我们的亏损。

以前看港台明星的故事时，我经常看到这个人家里破产，那个人为父还债，估计他们也会崩溃、绝望，但我相信，只要活着，就会有好事发生。

2. 过好日常生活，沉浸其中

我们以前都在消费主义中沉浮过。现在，我会自我纠正一些花钱大手大脚的习惯，去做头皮按摩、眼部拨筋、身体推拿的频率降低了很多，对于各种瓶瓶罐罐也不再想买就买。但这并不代表我就不爱自己了。

我现在就是自己随叫随到的服务员，定期给自己做指压穴位、做眼保健操。眼见我办卡的瑜伽馆、早教机构关门跑路了，那我就把卡里没上的课转到公园、小区里去开心地上、开心地玩！

吃早餐的时候，我会和烧卖亲亲嘴。陪娃玩的时候，我会玩到双脚离地。大自然的审美和设计，可比人工产物伟大多了。

《半山文集》里有这样一句话："人什么时候开始喜欢上自己的日常生活了，才算是真正生出了人生智慧。"虽然消费降级了，但我们的生活质量不能降低，只不过幸福指数提升的日常更需要才华和智慧。

3. 把自己当大学生养，拼起碎片化的自己

除了要把自己当女儿养，我还想把自己当大学生养。

我曾经想过，等到孩子长大一些时，去读在职研究生。现在看来，对于想做的事，我们未必非要在未来某个时间点才能去做，也未必一定要满足某个条件才能做。喜欢的事，我们现在就可以去做。

我前几天读了一本书，书里讲美国的一位学者写的一篇文章引起了很大反响。但这位学者并不在乎文章引起的反响，他和伴侣决定专心看书，陪伴彼此。于是，他们跑到加拿大魁北克一个没有网络的乡下，住在自己的小木屋里，抱着一篮子书阅读。我觉得他们真酷，屏蔽了外面的纷纷扰扰，沉浸在书海的安静世界里。

我现在越来越不想听各种抱怨、吐槽、预测，在烦躁时、丧气时，我就沉浸在自己虚拟的大学生活里。有时间我就听“慕课”，常常在博雅大学堂和清华通识课的知识课堂中流连忘返。

清华大学的网课“社会学的想象力：结构、权力与转型”，整节课都围绕泰坦尼克号每个船舱的死亡人数展开，从另一侧面认识社会阶层，让人听得意犹未尽。北京大学的网课“世界文学名著阐释与思维空间拓展——以卡夫卡小说为例”，我反复听了三四遍，年少时喜欢卡夫卡，现在却被涂老师分析的新角度折服。中南财经政法大学的网课“文献检索案例分析和文献研究方法”，我越听越精神。

我觉得大学生活虽然值得怀念，但知识文化生活才是最迷人的。那种对一种内容的钻研、赏析、梳理，让人豁然开朗，更给人以深爱世界的力量，就好像让人从满地六便士的现实看到皎洁的月亮。

4. 建设自己的“避难所”，与懂你的人为友

每个人的“避难所”不同，有的是自己的爱好，有的是自己的事业，有的是孩子，有的是知己。我不觉得家庭和事业是我的“避难所”，毕竟家庭和事业中有很多困难。

我现在觉得，跟我人生阶段差不多的朋友就是我的“避难所”。只需要一个眼神、一声叹息，她们就能明白我心中的苦楚。

得知我有说不出口的委屈，她们可能不知道具体情况，但她们懂我，能够与我共情。她们更懂生活是多么杂乱的一地鸡毛，所以能瞬间理解我、耐心安慰我。她们真的太温暖、太给力了。

女人当了妈妈后，每天面对的生活都可能是“大拆大

建”的，十分耗费心力。所以，我们即便只是为了将来的自己过得更好，也请别忘了关爱此时此刻的自己。

这几天，我看到一位广告人“八月”的文案，特别喜欢，便把它保存在心里：

“你是他的老婆，但你不是他的。”

“你是他们的妈妈，但你不是他们的。”

“你是他们的孩子，但你不是他们的。”

“在这个世界上，你不属于谁。”

我属于我自己，我要多为自己操心。

第四章／

所有横空出世，都是“蓄谋已久”

当你做一件事时，你可以在做完后做个小结，就像把一个充气的袋子打个结。下次再做这件事时，尽管发现无法避免袋子漏气，但你可以从袋子中汲取上次做这件事时的经验——它会成为你向上的台阶。

一个女人“向上走”，要做对哪些事

有段时间，我给自己定了一个小目标：定期找曾经的好朋友们聊聊天。

《千与千寻》里的台词说得很浪漫：“人生就是一列开往坟墓的列车，路途上会有很多站，很难有人可以自始至终陪着你走完。当陪你的人要下车时，即使不舍也该心存感激，然后挥手道别。”

想到我曾经的一段段友情随着时间、距离、境遇而变淡，我深感可惜。我们如果不经常与朋友联系，总是各忙各的，总怕打扰对方，那么下次见面或聊天的前半程，需要补充解释的信息就太多了。双方的人生不再同频，更会降低彼此约见的欲望。

于是，我就这周和深圳的老同事打电话聊聊，下周和高中的老同学视频通话聊聊……

我发现，每当我状态萎靡、心情淤堵时，就会特别想和那些“向上走”的朋友聊天，听听她们各自生活上的烦恼与困惑、进展与突破。每次聊天结束后，我就会豁然开朗，而且受益匪浅。

“向上走”不是狭义的升职加薪、地位攀升、资产优化，而是物质层面和精神层面双重提升后，给我带来的内心自由度和延展度的提升。可能我解释得有点儿抽象，其实就是哪怕隔着屏幕我都能感受到对方身上那股神采飞扬、热气腾腾的向上之气。

我试着从几个常常给我“向上走”之感的朋友中提取一些共同点，帮自己提升。

1. 女人“向上走”，需要“归零感”

有段时间，负能量总是见缝插针地进入我的心里，而且越积越多，多到让我感觉自己快要爆炸了。我不知道自己心里的丧气话该找谁讲，心里的苦水又该倒给谁。

找老公？那段时间有猎头来挖他，他也正在为工作的事而纠结，十分烦心。找我妈？我担心自己的烦恼被她放大数倍地接过去，反倒影响了她的睡眠和身体健康。

成年人上有老，下有小，任何事都得自己消化，再给他人信心和依靠。可有段时间我真的觉得自己“消化不良”了。

我想到自己曾经看过的书，号称美国“创作教母”的朱莉娅·卡梅伦推荐过一个唤醒创作力的工具，叫“晨间笔记”。我之前就知道这个工具，但一直没用过。

那段时间我被烦得连写作都难以坚持下去，于是我觉得是时候做“晨间笔记”了。我的初衷确实是想保持自己写作的激情，但没想到还有意外之喜——我发现晨间笔记对情绪调理很有帮助。

晨间笔记就是写满3张纸，让它成为你的大脑排污管。你可以在纸上随手记下脑中想到的东西，无论事情多琐碎，多无聊，多愚蠢，多怪异。你只要坚持每天写3页，将愤怒、抱怨、琐碎的事“倒”在纸上，就会减少“阻碍你与创造力联通的诱因”，更能减少阻碍你和好心情联通的顽石。

当你满腔负面情绪时，写晨间笔记也好，写午间日记也罢，写睡前日记也行，都可以有效帮你把大脑里那些随时降落的想法诚实地记录下来。你不必自我否定，不要道德审判，而是诚实地写3页，把负面情绪在纸上一顿倾泻。写完后，你的心情就会畅快很多——仿佛获得了消除计算器上一长串数字之后归零的清爽，感觉终于有了信心和勇气面对生活中一连串的问题。

我曾多次提到写日记的好处。写日记能帮助我们在日常生活中增强自我觉察力，对待工作也能更加得心应手，甚至可以在感情“触礁”后更快地从情伤中修复自己，帮助我们在郁闷、焦虑时卸载压力。

别看我们现代人平时两点一线地生活着，似乎有些单调，其实心里一天到晚轮番上演“地震”“海啸”“山体滑坡”等“自然灾害”。

我们需要能让情绪维持稳定的工具。我试过冥想、正念、颂钵疗愈、诗歌疗愈、戏剧疗愈等方法，平时还凑合，一旦心里堵得慌时，大脑里全是杂念，根本静不下心来。综合来看，还是写日记更见效，因为写下即放下。

2. 女人“向上走”，需要“故事感”

有段时间，我专心研究故事的写法。我将好的故事模式引入生活，觉得很受用。

一个好故事，可能是主角在日复一日中有秩序地生活着，处于一种稳定的、不想改变的状态。突然，生活出了个意外，撕开了故事的口子。在故事之门打开后，一股强烈的、难以抵抗的命运之力，生拉硬拽地把主角拉进门，让她脱离舒适区。

作者绝对不会心慈手软，而是有节奏地给她制造困难，创造冲突，把她置于最大的生活压力之下，锤炼她的意志，让她加速强大。所以，当主角从另一扇门出来时，她已经不再是之前的她，而是比之前好上无数倍的她。

3. 女人“向上走”，需要“甜宠感”

女人不要给自己买便宜货，却在男装精品店给男友挑衬衫；不要自己对付吃几口，却给孩子买进口食品；不要牺牲自己去感动别人，把情绪遥控器交给别人；不要在精神压力即将超载的时候，还强忍着不和对方沟通。

每天抽出一点儿时间，我们要运用自己喜欢的方式和自己对话，学会关心自己胜过关心别人。我们可以问问自己，今天有没有好好吃饭，好好运动，好好休息。我们还可以打开冥想中的身体扫描引导，关注身体的“零部件”，让自己安静下来，从头到脚仔细地感受自己的器官和身体部位。我们常把它们当成工具一样使用，因此使用完之后更要悉心呵护。

对自己细微变化的捕捉和及时调整的能力，就是力所能及的“自我甜宠”。

4. 女人“向上走”，需要“天真感”

一个人表现霸气最易，保持稚气最难。有次我心烦意乱时，打开汪曾祺的书，看的是书中他回忆老师沈从文的部分。

他说沈先生“不长于讲课，而善于谈天”：他谈徐志摩上课带了一个很大的烟台苹果；谈梁思成在一座塔上测绘内部结构，差一点儿从塔上掉下来；谈林徽因发着高烧，还躺在客厅里和客人谈文艺……

他还说沈先生谈及的这些人有两个共同特点：“一是都对工作、对学问的热爱到了痴迷的程度；二是为人天真到像一个孩子，对生活充满兴趣，不管在什么环境下永远都不消沉沮丧，无机心，少俗虑。”

我想，对于一个成年人来说，保持天真真的是既艰难又必要的任务。

总而言之，我们可以将以上几点归纳为一个公式：归零感+故事感+甜宠感+天真感=向上走。

愿我们的29岁比20岁好，39岁比30岁好，49岁比40岁好……

女人必须学会的10个赚钱思维

我偶然随朋友去参观了一家高级西服私人定制企业的生产线。这家公司的客户主要来自欧美，除了NBA（美国职业篮球联赛）球星、高尔夫球员、脱口秀演员、经济论坛名人，还有特体人士、时尚人士和商务人士。

参观的时候，我发现有件西服外套的右手臂衣袖比左手臂衣袖长了3厘米，因为这套西服的主人是位职业高尔夫球员；有件西服外套的前衣襟比后衣襟长了一小截，因为其主人长期需要保持昂头挺胸的姿势；还有些西服外套会在靠近胸口的位置用手绣上对西服的主人有特殊意义的符号、数字、婚礼誓言等。而有些西服套装，客户会把面料和里料从国外寄过来——那些里料着实让我开眼。有的客户把多张记录家庭温馨时刻的照片印在里料上，比如孩子出生时、家人生日时、全家外出度假时等；有的客户把代表人生里程碑的照片印在里料上，比如毕业照片、领奖照片、上台演讲照片等。据说这是他们的好运战袍。

我不由得感慨：有钱人真会穿。

看了1000多套高级定制西服后，我发现有钱人别具一格的穿着背后，是其异于常人的思维。

主持人蔡康永说："如果羡慕成功者的富贵，请别一味模仿他们富贵后的事……要模仿，就模仿他们富贵前的事，他们那些鹰般的探察，蛇般的专注，蚁般的搜括，蛹般的耐心……"

有钱人赚钱的技能可能不同，但有钱人的以下10种思维方式或许是相似的。

1. 杠杆思维

硅谷著名投资人纳瓦尔总结过，赚钱有三种杠杆：第一种是劳动力杠杆，指让别人为你打工，这需要你精通管理；第二种是资本杠杆，指用钱来扩大决策的影响力，这需要有人为你投资；而第三种是"复制边际成本为零的产品"，比如代码、媒体、写作、专利等，不需要他人为你打工，也不需要他人给你投资，你就可以把劳动成果放大成百上千倍——这是新贵们常用的杠杆。

我去参观的这家服装公司的客户之一是比尔·盖茨，他就是靠写代码发家的。如今很多“自媒体”人先通过提供免费又有价值的文章或服务，再链接各种资源，从中获益颇丰。

绝大多数人的第一桶金都来自打工，但单纯地为他人打工就是拿时间赚钱，这不属于杠杆。一个人靠出租自己的时间赚钱是很难致富的。

人们靠打工致富的方式大多可分为两种。一种是在一个领域学精学深后，充分利用劳动力杠杆。我所参观的这家服装公司就培养了很多经商人才，他们后来纷纷创业成功。这群人既懂产品构建也懂产品营销，所以才能在细分市场或产业上下游分到一杯羹。另一种是在打工过程中磨炼技能，然后靠“复制边际成本为零”的图文、音频、视频等形式，分享技能、生活或爱好，让资源主动来找你。

判断力准确又能在合适的时机利用杠杆的人，是最有可能赚到钱的人。

2. 运气思维

不是每个人都会碰到好运气，但聪明的人懂得为好运气创造条件。

（1）坚持不懈、不断尝试，把事情做到极致。

（2）善于发现好运。你必须在某个领域经验丰富，当这个领域有意外突破时，你才有可能购入股票或加入相关公司，从而接住好运。

（3）打造独特个性、独特品牌，让运气来敲门。

很多有钱人常把自己赚到了大钱归因于运气好。我以前以为这是他们在故作谦虚，现在看来是事实——他们不停折腾，直至撞上大运。

3. 需求思维

当我看着外观正常而细节处别出心裁的西服时，我感到颇为惊讶。朋友告诉我，他们的客户创意太多，都外溢到穿衣上了。这也从侧面说明，有钱人在思考问题时往往会另辟蹊径。

翻开富翁的发家史，我发现他们基本做对了同一件事：发现了社会上那些尚未得到满足的需求，让自己成为第一个提供相关产品或服务的人，并将其规模化。

大富的人，满足社会未被满足的期待；小富的人，满足公司难以替代的需求。而我们大部分普通人，往往把时间浪费在了短期思考以及繁重的日常生活或工作上。我们害怕不确定性，也不具备独特性，最终变成了现实游戏里的NPC（非玩家角色）。

巴菲特也是这家服装公司的一位客户，他常常用一年时间斟酌判断当前市场上还有哪些尚未满足的需求，然后在某一天采取行动。

4. 时薪思维

纳瓦尔说，他在多年前就曾一遍又一遍地告诉自己，自己的时薪是5000美元。但那时候，他的时薪实际上是1000美元左右。纳瓦尔给自己的时间设定价格，用时薪计算时间的价值。纳瓦尔认为，如果花钱可以节省时间，让他做价值更高的事情，那就花钱——雇用、委托、授权别人去做那些琐碎的事情，且不要为此犹疑。一个人要想真的赚到大钱，就先要相信自己很值钱。

资深传媒专家、管理学博士孙铁麟提出一个公式：时间价值=时薪值×生命值+影响力值。一个人只有高看自己的时间价值，才能专注地去做更具有幂次效应和复利效应的事。

5. 短痛思维

空闲时间，是刷短视频好还是看几页书好？你如果在某一个决定上犯了难，那就选择在短期内让自己更痛苦的那一个。

当你运动时，肌肉会感到酸痛或疲劳；当你读有难度的书时，大脑容易不堪重负。这些事情会让你在短时间内感到疲劳，但同时会让你变得四肢发达、耳聪目明。

对于生活中的很多事，如果一味选择简单模式，我们的人生就会变得越来越困难；而选择困难模式，我们的人生就会越来越简单。

6. 广告思维

纳瓦尔经常对老板、同事、朋友说：“硅谷的人都在创业，我也要开公司。我只是暂时在这里上班，其实我是个企业家。”他之所以选择创业，也是因为身边人常问他怎么还不创业。有次被问烦了，他就直接走上了创业之路。

很多人喜欢自己默默努力，但有时候请把自己的想法说给别人听听，说不定有人能帮你链接相关领域。

这样看来，我也该把自己想写小说的事多说说，一来是提醒自己别忘记梦想，二来是别人的反馈可能会带来意想不到的良性刺激。

7. 空闲思维

我曾看到这样一句话，废掉一个人最隐秘的方式，就是让他忙到没时间思考。如果你每天的时间都被各种会议、工作占满，你就没有时间思考。你一旦停止了思考，就很难产生出色的想法，也很难做出准确的判断。

出色的人每周至少要花一天的时间思考，最好是两天——只有悠闲的大脑，才能产生伟大的创意。一个四处奔波、焦头烂额的人，是没有时间思考的。

因此，我们要留出空闲时间，为思考挤出时间。

8. 吞吐思维

我在生产线上还看到一套特别的西服，这套西服上衣里侧有一个大兜。据说这个大兜是用于随身携带那种又小又厚的书或笔记本的，方便西服主人随时做信息的输入和输出，让大脑进行吞吐运动。

纳瓦尔一直保持着大量阅读，并在推特上分享读后感。为了不超过字数限制，他表示："我会努力提炼出一条格言，放在推特上。推特降低了阅读能力，却提高了写作能力。"

想要成功，你需要做的不是合群，而是从人群中脱颖而出。你如果想在群体中脱颖而出，就需要进行大量阅读，扩充知识储备，同时具备一定的逆向思维——既要高质量输入，又要高水平输出。输出的关键无非是说和写，那就让我们在输出中展现个人才华吧。

9. 低欲思维

参观时，我指着几件衣服询问价格，在心里乘上汇率换算了一下，觉得真是大手笔。朋友向我解释，其实很多客户行事低调，生活俭朴，他们定制的西服须得笑傲多种场合，准备穿很多年，因此很注重性价比。

一般人在赚到大钱后，往往会选择提高生活水平。假设你赚到了一大笔钱，却依然保持着原有的生活方式，还没来得及消费升级，此时你所拥有的金钱远超你的需求和欲望，瞬间让你体会到了财务自由的快乐，收获满满的安全感。因此，我们要记住：赚了钱之后，不要急着升级自己的消费水平。

10. 幸福思维

有的人在赚到大钱后，依然毫不懈怠地努力工作，以保持自己的竞争力，越活越焦虑。但当我们的钱包变鼓时，我们的思想也应该升级了，必须重新学习如何获得幸福。

毕竟金钱不能解决所有问题，只能解决和金钱有关的问题。有的人认为幸福是一种“心流状态”，有的人认为幸福是满足欲望，还有的人认为幸福是知足常乐……我们的幸福要自己去定义，自己去寻找。

从今天起，我们一起学着做个幸福的有钱人吧。

我决定把钱用在正确的地方

6月18日晚，我只纠结一个问题：这个夜到底要不要熬？

是什么让平时晚上不到10点就陪娃睡觉，人生座右铭是“非必要不得熬夜”的我，为了定不定夜里“11：55”的闹钟而左右为难？

答案是线上某店铺的“6·18”促销活动。

“什么！这个岩板餐桌椅只需要原价的1/3？和我新家的装修风格也太搭了！”

“什么！这个面霜买一赠一？虽然买它让我肉疼，但是半价！关键是，我年纪大了，确实需要呵护皮肤。”

一轮激动过后，我大脑里的两个小人儿开始了辩论。

省钱小人儿：“现在的桌椅不是好好的吗？为什么不搬

到新家继续使用？”

花钱小人儿：“不给新家添置家具，连写出《陋室铭》的刘禹锡都得佩服你。”

省钱小人儿：“护肤品再贵，只会让人自我感觉良好，也不会减少皮肤问题。”

花钱小人儿：“可是你知道吗？这年头，连一个‘感觉好点儿’的机会都值得珍惜啊！”

实不相瞒，我最近一两年经常在“钱要省着花”和“人生只有一次”中徘徊。反思后，我认为人攒不下钱的原因就是：动不动就想犒劳一下自己。

下班时间要抽空写作，我脑袋累。

部门有人不好好说话，我情绪累。

孩子永动机般活力足，我体力累。

看看全绿的理财收益，我心态累。

人一累，就会自怜；一自怜，就想花钱。

负面情绪缠身，忍一时风平浪静，想一夜怒火攻心——我就想花钱！可是钱花多了，我又觉得心慌：上有老，下有小，失业怎么办？生病怎么办？教育怎么办？房贷怎么办？

成年人最大的自律就是存钱。因此，感性想花钱、理性要攒钱的念头，如同DNA双螺旋结构一般在我心中萦绕着。

徘徊在省钱和花钱问题上的我，特别想找到一种能够指引方向、让我不再徘徊的工具。于是，我在网络上找到了“标准普尔家庭资产象限图”。据说这是公认的合理稳健的家庭资产分配方式，它把家庭资产分成了4个账户。

日常开销账户：要花的钱

这个账户里的钱需要满足每个月的衣食住行、美容健身等日常生活开销，是随时可以取出来的活期资产。此外，这个账户还需准备部分紧急备用金，以应对失业、生病等生活的“不速之客”。这笔钱需要具备高流动性和安全性，适合放在货币基金、银行存款类的低风险活期理财中。

资金占比建议：10%。

杠杆账户：保命的钱

这笔钱可以满足人的安全感和兜底感，别让一场大病、意外搞得整个家庭返贫。你可以选择购买意外险、医疗险、重疾险、人寿保险等，用高杠杆以小博大、专款专用，以应对突发大额开销。别看这笔钱平时没啥存在感，关键时刻抗风险能力非常强。

资金占比建议：20%。

投资收益账户：生钱的钱

这笔钱可以投资房产、股票、基金、私募、期货、外汇等，让钱生钱。这个账户存在风险，既有可能赚钱也有可能赔钱，因此需把风险控制在自己可承受的范围内。

资金占比建议：30%。

长期收益账户：保本升值的钱

这笔钱可以投资债券、年金保险等，在确保本金安全、收益稳定的情况下，让其相对长期、安全、稳健、复利地增值。

资金占比建议：40%。

我非常好奇这个资金占比是在哪些国家和地区调研后做出来的结果。查证时，我发现有人指出金融分析机构根本没有发布过标准普尔这张图。而且图中保险和投资的占比过高，因此我严重怀疑这是理财人士的杜撰。我倒是没有纠结这些数据，不过这4个象限为我审视自己的财务状况提供了一个新视角。

日常开销账户：用于日常生活的吃穿用度。“智商税”和冤枉钱要节省。

杠杆账户：我等贪生怕死之辈给自己和家人配齐了重疾险、医疗险、意外险和人寿险，要说心得，就是不要买太多。以前钱好赚时，我不把保费当回事；现在钱不好赚了，每次交保费都很心疼。

投资收益账户：我只是一个平平无奇的反面案例。目前房产贬值，基金全亏，其实理财赢不赢利都容易多花钱。理财今天涨3个点，花钱庆祝一下吧；第二天亏了8个点，与其亏掉，不如吃一顿。我不禁怀疑，这是哪门子的钱生钱。钱生钱不应该是钱约着其他钱到我家做客吗，怎么变成其他钱约着我的钱离家出走了？在这方面，我得到的血泪教训是：我不理财，财不离我。

长期收益账户：我给女儿买了教育金，可她还小，没用上呢，暂无心得。

———

根据我的情况，对于杠杆账户、投资账户，我只能谈教训。但对于日常开销中的“智商税”和冤枉钱，针对“工资就像‘大姨妈’，一个月来一次，一周就没了”的情况，我想谈谈我的8点经验。

1.我会分清楚需要和想要，然后把需要继续分为“我真的需要”和“我认为我需要”，而“我真的需要”又可以分为“能被代替”和“不能被代替”。经济困难时，我尽量只买真的需要而且不能被代替的东西。

2.我取消了手机软件上所有的免密支付功能。线上付款一定要慢下来，不然到月底你就会发现，虽然对账单下每一笔支出都有印象，但对加到一起的总额却十分陌生。

3.我会用自己的时薪指导消费。时薪就是用月薪除以实际工作的小时数，以月薪5000元为例，按工作日22天，一天8小时计，时薪约为28元。这么一算，此刻手里二十几元钱的奶茶，你下次可能就不想喝了。

4.我会核对好价签后再结账。“雪糕刺客”埋伏在冰柜里，随时准备给那些随手一拿东西就埋单的人一个迎头痛击，以及一个深刻教训。

5.每次迫不得已开通一个月的会员之后，我就会火速冲到订阅里关闭“自动续费”，下次有需要时再开通。

6.我带孩子去商场里的儿童乐园玩一次就要消费接近百元，但其实不如和孩子在家玩儿亲子游戏。我可以在家里买些对战叠叠杯、趣味弹射球、亲子套套圈……只需一点儿小钱，就能让家长和孩子都玩得开心。

7.我会少看各种刺激消费欲的书。你若每天看几页《瓦尔登湖》，就会只想亲近大自然，而且真的能省钱。

8.一个人只要身体不出问题，就是最大的节约。有网友说，健康的同龄人存钱目标是一部新手机或一双名牌运动鞋，而自己的存钱目标是根管治疗，这简直让本不富余的钱包雪上加霜。我们再怎么节省，也不要亏待自己的身体。

在花钱之前，我们可以先在“钱要省着花”和“人生只有一次”之间徘徊一会儿，再做出决定。

你要悄悄努力，闷声做一个“狠人”

有一次，我和一位编辑聊天，听到她对我的一个评价：这些年，你一直在有规划地成长。我这个进步主义者听了这句话，感动之余又不免徒增感慨。

我随之陷入沉思，由远及近地展开回忆。

小学练篮球时，我是常驻“板凳选手”。一段时间后，我成为首发上场的后卫。

大学一年级时，我排名倒数。努力了一段时间后，我名列前茅，拿到计算机、英语等多个证书，荣获校级、国家级的奖学金。

毕业跨专业就业，第一份工作通过笔试、机试、面试后，迟迟没收到录取通知，自己打了几个电话主动争取才被录用。努力了一段时间后，我最快出单，最快带新人，为公司全体销售员争取到了更高的提成比例，辞职前被老板再三挽留。

我以前体态不好，圆肩驼背。努力了一段时间后，我在网上发了照片，体态受到读者赞美。

我以前的普通话不分前后鼻音、儿化音、平翘舌音。努力了一段时间后，一直听我读书会音频的读者说我发音进步很明显。

我很喜欢乔布斯的一句话：“We cannot connect the dots looking forward, but we can only connect them looking backwards.”这句话我很难翻译得传神，大概意思就是“你现在所做的一切，会在未来串成一条线”。

我以前只是隐约认为自己适应能力较强，但随着我过去的很多“点”在这几年逐渐连成线，我渐渐清晰地看到一个进步主义者的轨迹。

我的精力、体力和意志力只算二流，但我从自己过去的“点”中发现，哪怕每天只做几分钟的进步主义者，坚持一段时间后也会取得好成绩。

我特别喜欢一种感觉：一段时间内没人知道我在做什么，只有我知道一切都在变好。

从“板凳选手”到首发队员的那段时间，身高不算高、跑步不算快的我把乔丹的海报挂于卧室墙上，早上6点去公园跑步，脚上绑着沙袋跳石阶，下课就去练习带球跑。

从排名靠后到名列前茅的那段时间，我开始早上早起学习，晚上跑步，经常和图书馆形影不离，积极参与社会实践活动。

从求职备胎到强势新人的那段时间，我研究国内市场和印巴市场，狂看印度电影适应发音，打印出前辈们的英语邮件分析学习，有空就看外贸论坛，以求提升业务能力。

从体态欠佳到体态优美的那段时间，我找形体培训机构训练体态——贴墙站、开肩、走台步，孕期练孕期瑜伽，产后练产后瑜伽，现在在练阿斯汤加瑜伽和流瑜伽。

从普通话不标准到普通话还凑合的那段时间，我在瑜伽练习中更注重腹式呼吸，锻炼核心肌群，用唱诵来贯通气息，经常在家练习绕口令，争取在新的读书会中展现进步的一面。“山前有四十四棵死涩柿子树”“四十是四十，十四是十四”“姓陈不能说成姓程，姓程不能说成姓陈”“小青和小琴，小琴手很勤，小青人很精”……

现在回头看，我是个“狠人”，但其实时间摊薄了强度，平摊到每一天，我对自己并不狠。

——

我说起自己进步快、进步大的例子，不是重点，只是引子。今天，我只想分享进步主义者的一个“绝命必杀技”——重视小结。

我刚上体态课时，走台步走得毫无气场，畏畏缩缩。一见我走路，老师的意见就像密集的子弹，让我应接不暇：头不要右偏，气提起来不要散掉，抬头挺胸，脚部不要“外八”，骨盆不要前倾，下巴收点儿，小腹收紧……

老师矫正我一个问题，我又矫枉过正把另一个问题引出来。比如老师让我提气，我一提就习惯性抬头，老师又让我收下巴。

每节课下课后，我来不及因挫败感而郁闷，赶紧利用在地铁站等车的时间打开手机备忘录，把老师今天给我提的意见记录下来；如果没时间记录，睡前有空我也要补上。

在平时有时间、心情好的时候，我就打开备忘录看看。下一次上课前，我一定会把手机备忘录中的笔记再看一遍。之后每次上课时，老师指出的问题越来越少，半年后，老师夸我体态最好。

我上瑜伽课时，在每节课结束后，在更衣室最先做的事不是换衣服，而是趁着记忆还新鲜，赶紧打开备忘录，记下老师刚刚帮我“抠”的细节。

一起上课的小伙伴原先基础都差不多，一段时间后差距越拉越大。每次进步一点儿，我看到的风景、体会到的感觉都不相同。

———

小结从来不是死板到一定要及时记在笔记本、备忘录、手账、清单里，还可以衍生到晚上和爱人的谈话里、跟孩子的聊天里。你哪怕只在大脑中回想一会儿，也比什么都不做强。

你把问题记录下来，以人为师，以己为师，常看常新。你不唯过程论，也不唯结果论，在过程中享受，在进步中快乐。

当你做一件事时，你可以在做完后做个小结，就像把一个充气的袋子打个结。下次再做这件事时，尽管发现无法避免袋子漏气，但你可以从袋子中汲取上次做这件事时的经验——它会成为你向上的台阶。

成功有很多规律，“刻意练习”“掌控习惯”“一万小时定律”……但还有一条戒律，那就是一个人不要重复犯同一个错误。

在一个学习单位结束以后，以小结闭幕；在下一个学习单位开启之前，以小结开幕。一段时间后，你就会看到在人生舞台上那个美好自信到熠熠生辉的自己。

15分钟的好习惯，换来人生大彩蛋

有段时间，我沉迷于跳绳，在公众号上分享了自己的跳绳心得和身体变化情况：每次只用15分钟，目标2000个，跳2天休1天。半个月后，我感觉自己体重变轻，体能变强，心情也变好了。

行动派读者实践后找我反馈，说这15分钟扭转了乾坤：跳之前，心情沮丧，想法消极；跳之后，困难来了，一抬脚就过去了。困难一波一波来，我们抬脚一个一个跳，我们的感受遥相呼应。

我曾多次限制自己在15分钟之内扭转心情，做出决定，完成运动……自认为找到了与忙碌生活交手所需的高效又轻巧的招式。所以，有时候我自诩为“15分钟主义者”。

15分钟主义者之决策篇

接手5年就把日立公司从巨额亏损变成盈利颇丰的川村隆说，“自己在年轻的时候，就养成了15分钟之内得出结论的习惯”。他认为，针对一个问题，如果不能在15分钟之内得出结论，那么就算为了这个问题烦恼30分钟或1个小时以上，也无法得出结论。科学依据是，一个人一次集中精神的时间只有15分钟。在同声传译行业，像国际会议或峰会之类的重要场合，每隔15分钟就要更换一名译员。

受他影响，我会提醒自己，对于较为重要的事情，15分钟后再做出决定。

在我之前写的书《当你自律自控，才能又飒又爽》出版后，葛主编问我要不要参加某视频APP的连麦活动。我对这个提议的第一反应是既抵触又期待。我突然被川村隆“附体”，说15分钟后答复他。

在这15分钟内，我的大脑飞速运转，我同时用纸笔辅助思考。我虽然没尝试过直播和连麦，也担心紧张起来语无伦次，但希望更多人知道我的书，而且新鲜体验应该很好玩儿，于是回复“试试呗”3个字。

15分钟内，我把最差和最好的情况都考虑到，并预估各自发生的概率，然后根据价值观做出决定，提前做好准备。

除了做决定，15分钟也是全身心投入前的试用期。比如我是个计划爱好者，有时计划学习或看书，但是内心喧嚣，静不下来，我就会提醒自己坚持满15分钟再说。我若在15分钟后还进入不了状态，就先把计划放一边，索性想干什么就干什么。玩好和学好，我得占一头儿。

15分钟主义者之工作篇

作为工作之余还在坚持写作的人，我常看冯唐的书，试图从他的书中找到工作和写作爱好间的平衡密码。

事业方面，他头衔惊人——诗人、作家、投资人，教育经历从临床医学博士到商业MBA学位，身份从麦肯锡公司全球董事合伙人到华润医疗集团CEO。

写作方面，他出版了5本长篇小说，2本短篇小说集，6本散文集，2本诗集。

麦肯锡公司全球董事合伙人和医疗工作都跟清闲不沾边，但冯唐不少文章流露出来的意境却很舒缓。品茶、吟诗、欣赏古董、鉴赏古文，哪样都需要闲情逸致。

他的方向和努力都对，头脑和天赋都好，但我还是很好奇他是如何平衡好工作和生活的。有次我读他的散文，见他在文中提到“把时间按照15分钟为单位划分，会连会，事连事”。那一刻，我觉得他暴露了，平衡密码被我破译了。

尽管我怀念学生时代40分钟的计时单位，但随着工作任务时效性增强，加上多了母亲这个新身份，我把事务性工作的计时单位变成了15分钟。一段一段地划分时间单位让我能够快速把很多事理顺，然后换来一整块属于自己的时间。

15分钟主义者之读书篇

《非正式会谈》里有期节目探讨了15分钟的读书哲学，还发起了一场投票：“精华版”阅读是否能取代传统阅读?

结果是：7票认为能，觉得多数人没有充足的时间看完整本书；3票认为不能，声称“精华版”阅读会让人丧失读书的乐趣。

我都同意，精华阅读不必取代传统阅读，而是对传统阅读的补充。我每天都会听书，15分钟打底。干货版、精华版、原版、书评、读后感都会听，无论早上或晚上，无论在车上还是在路上。我尤其多听平时读不进去的书，听得感兴趣就找纸质书来看。

我每天都会读书，哪怕再忙也要至少读15分钟。忙得血压升高时，我就拜托老公带15分钟孩子，我进卫生间读书，让自己静一静。我多想给自己叠加几个15分钟去读书，但条件经常不允许。时间紧凑时，我就读短篇小说，遁入书门，进入另一个时空，归来又是孩子的“亲妈”。

15分钟主义者之运动篇

“知乎”上有很多15分钟运动者。

有个人长时间在办公室久坐不动，下肢血液循环不畅，有轻微静脉曲张。于是她每天踮脚15分钟，增加下半身活动量。一段时间后，她腿形更加优美，下半身浮肿减轻，畏寒症状改善明显。

有的人早起15分钟，做一段帕梅拉，让“起床气”在跳操间灰飞烟灭。有的人抽出15分钟，客串“刘畊宏女孩”，配段“魔性”的《本草纲目》（周杰伦演唱的歌曲）。

你总是说自己没时间、怕枯燥、懒得动，其实别人早就拿出超棒的解决方案了，就等你调拨出15分钟来体验成效。

15分钟主义者之育儿篇

美国作家吉姆·崔斯利在《朗读手册》中说：“每天朗读15分钟，是美国教育的秘诀。”不仅是阅读，如果家长每天花15分钟高质量地陪伴孩子，孩子将受益一生。比如，家长可以把孩子拥在怀里，绘声绘色地给孩子大声朗读15分钟。看到你的认真和投入，孩子也更容易沉浸其中。阅读的书，最好孩子选一本，家长选一本，把两人的兴趣点都照顾到。

再比如，家长可以专注地陪孩子玩儿15分钟。家长蹲下身来，看着孩子的眼睛，进入孩子的世界，问问孩子想玩儿什么游戏，角色扮演还是枕头大战，画画还是手工。家长可以调到孩子的频道，和他们打成一片，加深亲子联结，让彼此越来越爱对方。

孩子的成长不可逆。家长若保证每天至少高质量陪娃15分钟，就能减少将来的遗憾。

15分钟主义者之提高篇

网友“小王杂货铺”分享了自己锻炼表达的方法：每天15分钟，30天后，表达能力提高得非常明显——口齿清晰了，知识增加了。你可以每天花3分钟拍一段小视频，录制今天自己遇到了哪些有趣的事情，说一说今天社会上发生的重大新闻事件。录完后你分析一下表情自然与否，说话流利与否。在剩下的12分钟里，以下训练你可以选做或全做。

速读：你可以找新闻或散文，一开始慢慢读，熟练后加快语速，最后达到自己的最快速度。这个练习可以锻炼口齿，提升逻辑思维能力。

复述：你可以把当天对自己有启发的话复述一遍，慢慢地自己就会吸收这些金句。这个练习可以锻炼语言组织能力、语言连贯性和即兴表达能力。

背诵：你可以背诵好的句子和文章，时间久了，好词好句张口就来。

角色扮演法：你可以深入体会并模仿某一角色的神情、情绪、语气、肢体动作，坚持做这个练习，木讷的性格也会渐渐变得有趣鲜活。

你每天花15分钟，做这样“轻量级”的小练习，乘以30天，就会让表达能力产生质的飞跃。

你如果不能一天布局多个15分钟，那么每天1个15分钟，布局很多天，也会让自己进步神速。

虽然15分钟占一天24小时的比例只是1/96，但我们真的能利用这15分钟做很多事情。除了上面列举的事，我们还可以每天练瑜伽15分钟，读英语15分钟，写日记15分钟，和父母视频聊天15分钟……

我们每天为好习惯安排15分钟，还没感到痛苦和枯燥就结束了。一个月下来，我们就多出7.5小时；一整年下来，我们就赢取了90个小时。

你看：我们可以用日常的小习惯换来人生大彩蛋！

普通人逆袭必备的4种能力

虽然很多人和我一样，只是一个普通的“小镇做题家”，但我们相信“条条大路通罗马”，可有些人就出生在“罗马”。我们奋斗了半生，刚刚到达了那些人的起点。但是我依然相信，只要我们具备了4种能力，就能到达想去的“罗马”。

1. 及时修正自己错误的能力

我以前在深圳工作的公司培训新人时，遇到一个资历平平的实习生。他转个内线电话都转不明白，部门订餐会出错，双面复印也会出错。我开始还担心他无法通过试用期，但后来他升到了上海总部管理层。

他有个优点值得学习，就是会及时修正自己犯过的错。

我记得有次他在业务上出了差错。这个差错说大不大，说小也不小。但他勇敢地在部门大会上认错，主动让领导扣他的季度奖金，对部门而言，弥补损失，对自己而言，吸取教训。

收藏家马未都说过，动物世界中有很多生存法则。比如在非洲草原上，猎豹捕捉羚羊：猎豹从A点出发加速，去追B点的羚羊，见羚羊在奔跑中不停改变方向，猎豹也在不停地修正自己，最终在C点捕获羚羊。猎豹如果有规划，应该直接跑到C点等着，当羚羊冲过来时一口咬住它。按这个规划，猎豹从A点出发后的每一步都迈错了，只不过是在下一步修正了上一步的错误而已。

所以说，不管是羚羊还是人，最重要的能力就是能够及时修正自己的错误。

2. 有慧眼识康波周期的能力

康波周期的概念是苏联经济学家康德拉季耶夫提出来的。他认为，全世界的资源商品和金融市场会以50～60年为周期进行波动。一个大波里面包含4个小波，即繁荣、衰退、萧条、回升，新技术的发展是推动康波周期发展的关键动力。50～60年的周期，意味着大多数人能赶上一次康波周期，很可能会在赶上的这个周期内活得轻松甚至跨越阶层。

在我们身边，康波周期可能短得多。有人总结说，新兴行业一般会经历“1年启动—3年初具规模—5年爆发—7年巅峰—10年没落”。顺其自然等不来康波周期，我们平时要多留意风投趋势。有时候，钱不是我们拿一辈子去赚的，我们只要抓住机会，就能用2～3年赚到自己十几年都赚不到的钱。

人生发财靠“康波”，你如果认为自己目前赶上了好行业的好时候，就一定要珍惜机会，好好赚钱。

3. 有把康波周期变成好事的能力

我的一个朋友借着“自媒体”行业发展的东风迅速致富，两三年时间从一个穷学生变成了富婆，可以随心豪掷几十万元买包，也可以在老家的好地段买房。

可是，当年日子过得多风光，现在的她就有多失望。这一年，她焦虑到睡不着，收入不停减少，也不知哪天就没了；支出雷打不动，2万元的月供如约而至。

一天夜里，她在朋友圈写道：“当初哪来的自信，高薪拿满30年。”

对于一次性消费，我们尚且可以偶尔冲动，但依赖性消费，比如每月的房贷，则需要慎之又慎。

我们这些《三体》迷爱说：弱小不是生存的障碍，傲慢才是。

哪些人会把康波周期变成坏事？一定是那些自己赚了大钱时，觉得自己是天选之子，自大到看不起周围所有人，把侥幸当幸运，把运气当常态的人——凭康波周期赚来的钱，他们最后凭“实力”亏完。

哪些人会把康波周期变成好事？一定是那些抓住机遇积累财富，没有被消费主义洗脑，没有任性加“杠杆”，不会觉得钱能永远轻松地赚下去的人——花无百日红，他们懂得要敬畏“万一”。

4. 低潮中保持好心态的能力

我认识的一位妈妈，2019年她生第一个孩子的时候，正逢她的家庭收入倍增，于是选择在私立医院产检和生子。8万元28天的月子中心，1.5万元1个月的金牌月嫂，恨不得把英国皇室的生活待遇给第一个孩子。在生第二个孩子的时候，遇夫妻降薪，她选择把产检、生娃全部放在公立医院。

有次聊天，我问她心理落差会不会很大。她说，不会。“在第一个孩子出生前，老公薪水倍增，预期光明，花钱买体验；在第二个孩子出生时，过回原有的生活，第一个孩子让全家做了一场‘轻奢’梦，全家梦醒后顺利由奢入俭。钱多有钱多的活法，钱少也有钱少的活法，只要身体好，心态好，说不定我们家还能再好一次，甚至不止一次。”

我们要常怀感恩心，没事偷着乐。好的时候，我们多一份清醒；坏的时候，我们多一份信心。遭遇生活落差时，我们不妨想想《人世间》作者梁晓声的这句话：“你不可能在你的一生中，把所有的好东西都占为己有。”

认清现实残酷，依然热爱生活

——

一天，同事说起她那应届毕业生女儿的近况：孩子从小努力学习，考上了本地一所211大学，但毕业后没有满意的工作机会，目前在家复习，考研、考公（公务员考试）、考编（编制考试）三手抓。

同事感慨道：“我年轻时赶上好时机，买了房子，啥也没干，现在房价就翻了十几倍。而女儿勤奋学习，结果找份工作都难。”尽管她和她老公不介意女儿啃老，但女儿的失意还是让她心疼。

最近我和朋友们聊天，倒没听说谁家里发生破产、房贷断供的事，但不少人的确提到自己的工作处境变得更难了。有些公司加强打卡、签到、排名等考核动作，有些公司取消房补、餐补等福利，有些公司则把夜间打车补贴改为定额交通补助。做“自媒体”的朋友也表示行业发展状况不乐观，写文章的感觉阅读量腰斩，拍视频的依赖平台流量……如果以前的投入产出比叫事半功倍，那么现在反过来了，叫事倍功半。

2019年，日本女性学者上野千鹤子在东京大学发表演讲时说：“等待你们的是一个即使努力也未必会得到公平回报的社会。”

身处这样的环境，我们该如何去做，才能让生活的巴掌拍自己时拍得轻一些呢？

1. 记起来，过有觉知的生活

我如果刷手机玩，大概不出半个小时就会沦为负面情绪的奴隶——做事拖拉，饮食放纵，心态崩溃。作为对照组，我如果保持觉知，尽量专注于自己的生活和工作，那么我的心态、效率和生活质量都会显著变好。

曾制作过1000多部电视节目的制作人达伦·哈迪有个“口袋革命”行为——携带一个小笔记本，将其放在口袋里，外加一支笔，记录与你想要改进的生活领域有关的每一个动作，没有借口，没有例外，至少坚持一周。你如果下决心攒钱，那么你就要记录从口袋里掏出去的每一分钱；你如果下决心减肥，那么你就要记录放进嘴里的每一口食物。

哈迪最早之所以开始做记录，是因为自己的财务状况出现了问题，于是他就在小笔记本上记下了自己在30天里花出去的每一分钱。他放弃买那些不需要的东西，避免浪费，从而解决了财务问题。

哈迪说：“为什么奥运会的教练能拿到高薪？因为他们记录下了运动员每一次锻炼、消耗的每一卡路里、摄入的每一种微量营养素。所有获奖者，都是记录者。”

这几年，我发现自己很容易把日子过得浑浑噩噩，然后把浑浑噩噩后的黯然心理归咎于时代。但我也清楚，我才是自己命运的第一责任人。

于是，当我看到“口袋革命”后，我便迫不及待地开始实践。我买了个巴掌大的小本揣在兜里，帮我“减少摄入咖啡”“加强有氧运动”“减少消极发言”“减少饮食花销”。

每个阶段的记录，短则一周，长则数月，有时只聚焦一项，有时同时记录好几项。我偶尔也会感到麻烦，但更多的是让我意识到行为的发生以及自己对自我行为的重塑。

每当我感到失望和无力时，记录和改进会帮我累积一个个积极点，让我不至于溃败塌缩。

我原本安慰自己："没有成就，也可以有成就感。"但久而久之，我确实感到在成为更好的自己方面，自己已小有所成。当我迷失在信息的洪流和感性的旋涡中时，我太需要一个钩子，让它用一端钩住我，用另一端钩住自己真实的生活。

2. 动起来，练就"结实"的身体

这几年，很多人知道了身体免疫力的重要性。但压抑和失意实在很容易让人意志力减退。就拿我来说，我总是更想吃点儿加麻加辣口味的饭菜，更想听点儿耸人听闻的消息，更想在孩子睡着后沉迷于垃圾快乐中放纵自我。

在作息上，我到点就睡，就当自己雇了一个杀手，让他每晚一到10点30分就用刀架在我的脖子上逼我睡觉。在饮食上，我平时多吃点儿新鲜蔬果，补充点儿维生素，并保持适量运动。比如，我的健身卡到期后的一个月，是我近几年生

病最多、最易疲劳、情绪最差的一个月。

《运动和大脑》一书中有个案例：作者的一个病人，她刚刚离婚，是个单亲妈妈。她由于生活压力太大开始酗酒，收入降低，身体变差，最后使压力不减反增，于是她找到作者求医。作者建议她在家里放一根跳绳，每当压力大时，拿起跳绳就跳。她将信将疑，但一根跳绳她还是愿意买且买得起的。此后，一到烦心时，她就开始跳绳。几个月后，她戒了酒，心情也变好了。

尽管世事不尽如人意，但我们只要动起来，就能给自己带来一些掌控感和力量感，但也要注意避免因运动过度而受伤。

3. 省起来，把生活调成低成本

现在，很多人从生活到工作都开始学着降本增效。大家不仅减少了购物，连二手物品也要转手换钱；通勤开车，注册网约车，能多拼一个是一个；周末带娃在外吃饭，提前在品牌直播间买好单次套餐券。

除了在生活上降低成本，在工作上也得降低成本。

有段时间，我家卫生间电路跳闸，我在平台上预约了师傅上门检修电路。一对夫妻在晚上6点来到我家，丈夫搞检修，妻子谈价格。男子业务熟练，一进门就穿上鞋套，然后取下遮住配电箱的画，拿出仪器测试了一番，明确了问题所在，随即更换了配件。女子问我热水器旁边的插座要不要安个防水罩。她报价后，解释成本价不贵，但安装费事，我同意了。女子向我介绍她老公的专长，修电路、安水管、刮大白，啥都能干。经她提醒，我又想起卧室的灯有点儿小毛病。她说他们车上有工具和配件，就下楼拿防水罩和灯管。其间，我夸师傅业务熟练，他说自己10多年前在企业上班，后来辞职单干，买了辆二手小面包车，花销较小，自由灵活。之前他只是在家附近接活，有平台后，虽然价格不如从前，但订单变得更多了。他们走后，我不禁感慨：轻资产、有技术、有口碑、有平台，懂得开源节流，就会增加成年人的安全感。

记录、锻炼、省钱，都是在帮我追求“微掌控”的生活。小而明智的选择+坚持+时间=令自己满意的生活。

这两年，我对自己说得最多的话，就是劝自己不要动不动就习得性无助，试试习得性乐观。我要学着给自己打上积极乐观的思想钢印，相信困难只是暂时的，办法总比困难多。

图书在版编目（CIP）数据

把自己重养一遍 / 梁爽著. — 成都：天地出版社，2024.5（2025年4月重印）
ISBN 978-7-5455-8285-7

Ⅰ. ①把… Ⅱ. ①梁… Ⅲ. ①女性—成功心理—通俗读物 Ⅳ. ①B848.4-49

中国国家版本馆CIP数据核字（2024）第062007号

BA ZIJI CHONG YANG YI BIAN
把自己重养一遍

出品人 杨 政
作　者 梁 爽
责任编辑 孟令爽
责任校对 张月静
封面图片 蓓 蓓
封面设计 日 尧
内文排版 蚂蚁字坊
责任印制 王学锋

出版发行 天地出版社
（成都市锦江区三色路238号 邮政编码：610023）
（北京市方庄芳群园3区3号 邮政编码：100078）
网　址 http://www.tiandiph.com
电子邮箱 tianditg@163.com
经　销 新华文轩出版传媒股份有限公司

印　刷 河北鑫玉鸿程印刷有限公司
版　次 2024年5月第1版
印　次 2025年4月第27次印刷
开　本 880mm × 1230mm 1/32
印　张 7.5
字　数 160千字
定　价 52.00元
书　号 ISBN 978-7-5455-8285-7

咨询电话：（028）86361282（总编室）
购书热线：（010）67693207（营销中心）